essentials

Essentials liefern aktuelles Wissen in konzentrierter Form. Die Essenz dessen, worauf es als „State-of-the-Art" in der gegenwärtigen Fachdiskussion oder in der Praxis ankommt. Essentials informieren schnell, unkompliziert und verständlich

- als Einführung in ein aktuelles Thema aus Ihrem Fachgebiet
- als Einstieg in ein für Sie noch unbekanntes Themenfeld
- als Einblick, um zum Thema mitreden zu können.

Die Bücher in elektronischer und gedruckter Form bringen das Expertenwissen von Springer-Fachautoren kompakt zur Darstellung. Sie sind besonders für die Nutzung als eBook auf Tablet-PCs, eBook-Readern und Smartphones geeignet.

Essentials: Wissensbausteine aus Wirtschaft und Gesellschaft, Medizin, Psychologie und Gesundheitsberufen, Technik und Naturwissenschaften. Von renommierten Autoren der Verlagsmarken Springer Gabler, Springer VS, Springer Medizin, Springer Spektrum, Springer Vieweg und Springer Psychologie.

Markus Delay

Nanopartikel in aquatischen Systemen

Eine kurze Einführung

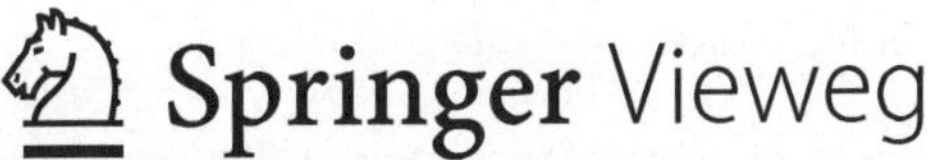
Springer Vieweg

Dr.-Ing. Markus Delay
Engler-Bunte-Institut, Lehrstuhl für
Wasserchemie und Wassertechnologie
Karlsruher Institut für Technologie (KIT)
Karlsruhe
Deutschland

ISSN 2197-6708   ISSN 2197-6716 (electronic)
essentials
ISBN 978-3-658-08730-2   ISBN 978-3-658-08731-9 (eBook)
DOI 10.1007/978-3-658-08731-9

Die Deutsche Nationalbibliothek verzeichnet diese Publikation in der Deutschen Nationalbibliografie; detaillierte bibliografische Daten sind im Internet über http://dnb.d-nb.de abrufbar.

Springer Vieweg

Gedruckt auf säurefreiem und chlorfrei gebleichtem Papier

Springer Fachmedien Wiesbaden ist Teil der Fachverlagsgruppe Springer Science+Business Media
(www.springer.com)

Vorwort

Sie interessieren sich für Nanopartikel in aquatischen Systemen und benötigen eine prägnante Einführung in dieses spannende Thema? Willkommen in der „nano-Welt"!

Die Beschäftigung mit Nanopartikeln begeistert nicht nur Wissenschaftler und Hersteller: Maßgeschneiderte Nanopartikel (sogenannte *engineered nanoparticles*, ENP) erlauben auf Grund ihrer besonderen Eigenschaften vielversprechende und faszinierende Einsatzmöglichkeiten in der Medizin, in industriellen Prozessen, in der Umwelttechnik, aber auch im Lebensmittelbereich und in Körperpflegeprodukten. Nicht wenige Menschen stehen dem Einsatz von Nanopartikeln allerdings sehr skeptisch gegenüber, weil bislang vor allem noch große Kenntnislücken darüber bestehen, welche Auswirkungen und Risiken von ENP ausgehen, insbesondere von solchen, die unabsichtlich in die aquatische Umwelt gelangen.

Dieses Buch möchte hier in zugegebenermaßen knappen Rahmen zu einem besseren Verständnis und zur eigenen Urteilsfindung beitragen. Natürlich können hier nur einzelne Aspekte beleuchtet werden; mancher Sachverhalt kann nur angerissen werden oder wird gar nicht aufgegriffen. Besonderer Wert wird daher auf Literaturverweise gelegt, um eine Schneise durch das Dickicht der Veröffentlichungen zu schlagen und zur eigenen weiterführenden Lektüre anzuregen.

In dieses Essential fließen langjährige Forschungs- und Lehraktivitäten des Autors am Engler-Bunte-Institut, Lehrstuhl für Wasserchemie und Wassertechnologie des Karlsruher Instituts für Technologie (KIT) ein; es basiert auf den Kernpunkten eines im Jahr 2012 publizierten englischen Übersichtsartikels (Review) [1]. Das Buch entstand aus dem Bewusstsein von Verlag und Autor, dass entsprechende deutschsprachige Einführungen in dieses Thema noch spärlich gesät sind.

Der Autor dankt Herrn Dr. Daniel Fröhlich vom Springer Verlag für die Ermutigung zu diesem Buch und die kritische Durchsicht des Manuskriptes. Der Deutschen Forschungsgemeinschaft (DFG) sei an dieser Stelle für die finanzielle Förderung des Projektes *„Stability and Interactions of Engineered Nanoparticles (ENP) in Aqueous Matrices (SIENA)"* (DE 1839/1-1) gedankt.

Dr.-Ing. Markus Delay

Inhaltsverzeichnis

Einleitung 1

Wenn wir uns im Rahmen dieser kurzen Einführung mit Nanopartikeln in aquatischen Systemen beschäftigen, müssen wir zunächst eine Vorstellung davon bekommen, wie winzig Nanopartikel sind und in welchen Größenordnungen wir uns bewegen (zur genauen Begriffsbestimmung: siehe Kap. 2). *nano* leitet sich vom griechischen Wort *νάνος* (*nános*) ab, was *Zwerg* bedeutet. Die Vorsilbe *nano* steht für 10^{-9}, also einen milliardstel Teil. 1 nm ist demnach ein milliardstel Meter.

Das Wellenlängenspektrum des sichtbaren Lichts bewegt sich zwischen rund 400 nm und 800 nm. Der Durchmesser nanoskaliger Partikel liegt im Bereich von 1 nm und 100 nm. Eine Vorstellung davon, wie klein Nanopartikel sind, vermittelt vielleicht der Vergleich ihres Durchmessers d mit dem eines Fußballs und dem unserer Erde; es gilt folgendes Größenverhältnis (Gl. 1.1):

$$\frac{d\left(Nanopartikel\right)}{d\left(Fu\beta ball\right)} = \frac{d\left(Fu\beta ball\right)}{d\left(Erde\right)} \tag{1.1}$$

Nanopartikel in wässrigen Umweltsystemen sind keine Neuheit – sie sind ständige Begleiter der Erd- und der Menschheitsgeschichte. Durch diverse physikalische, chemische und biologische Prozesse kommen Nanopartikel natürlicherweise in der Atmosphäre, in Gewässern und im Boden vor. Dort können sie sich erheblich auf das Umweltverhalten (zum Beispiel Stofftransport, Stoffkreisläufe) von vielen Nähr- und Schadstoffen auswirken, wobei die Tragweite ihrer Rolle in diesen Prozessen noch nicht annähernd verstanden ist [2]. Vulkanausbrüche, Verwitterung von Gesteinen sowie Verbrennung von organischem Material (Waldbrände) sind nur einige Beispiele für natürliche Quellen. Natürliche Nanopartikel werden bei

© Springer Fachmedien Wiesbaden 2015
M. Delay, *Nanopartikel in aquatischen Systemen*, essentials,
DOI 10.1007/978-3-658-08731-9_1

der aktuellen Diskussion um Nanopartikel oft vernachlässigt, in der es hauptsächlich um die gezielt hergestellten, synthetischen Nanopartikel (*engineered nanoparticles*, ENP) geht.

Neu und besonders ist vor allem die außerordentliche Vielfalt an ENP, die sich unter anderem hinsichtlich ihrer chemischen Zusammensetzung, ihres Partikeldurchmessers, ihrer Partikelform und ihrer Oberflächenfunktionalisierung voneinander unterscheiden; angesichts dieser Vielfalt kann bildhaft von einem wahren „nano-Zoo" geredet werden. Es muss betont werden, dass sich die Eigenschaften von Nanopartikeln damit zwangsläufig so stark unterscheiden können, dass pauschale Aussagen über ihr Verhalten und mögliche von ihnen ausgehende Risiken nur mit Einschränkung gemacht werden können; vielmehr sind einzelfallbezogene Betrachtungen notwendig.

ENP bestehen in der Regel aus einem Kern (*core*) und einer oder mehreren Hüllen (*shell*); ihre Oberfläche kann mit speziellen funktionellen Gruppen und Molekülen versehen sein. In Tab. 1.1 sind einige wichtige *core*-Materialien aufgeführt; die Hülle kann anorganischer oder organischer Natur (zum Beispiel Polymere, oberflächenaktive Moleküle, Farbstoffe) sein. Anwendungen von Nanopartikeln finden sich in Kap. 3.

Im Vergleich zu makroskaligen Feststoffen aus denselben Materialien weisen ENP auf Grund ihrer Partikelgröße stark unterschiedliche physikalisch-chemische Eigenschaften auf, die ihren Einsatz vielversprechend und attraktiv machen (zum

Tab 1.1 Übersicht einiger wichtiger *core*-Materialien von ENP

core-Typ	Material
Metallisch	Eisen Gold Silber
Metalloxidisch	Oxide von: Aluminium Cer Eisen Silicium Titan Zink
Halbleiter und Quantenpunkte	Cadmium-Selenid Cadmium-Tellurid Gallium-Arsenid
Kohlenstoff-basiert	Fullerene (C_{60}) Nano-Röhrchen (*carbon nanotubes*, CNT) Ruß (*black carbon*)
Sonstige	Dendrimere Tonminerale

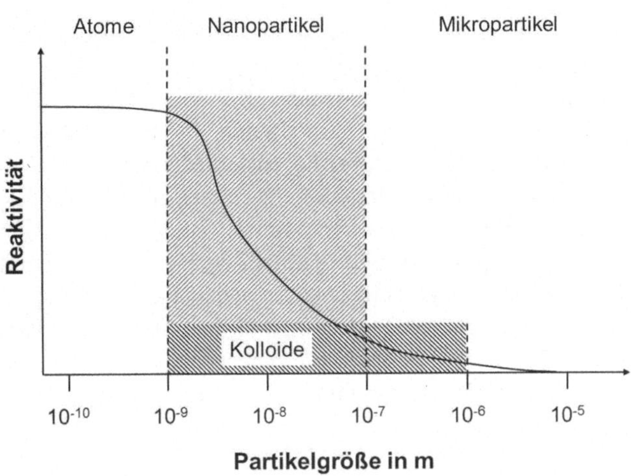

Abb. 1.1 Abhängigkeit der Reaktivität eines Materials von dessen Partikelgröße (nach [1] und [4])

Beispiel große spezifische Oberfläche; gezielte Steuerung von elektrischer Leitfähigkeit, Härte und Absorptionsverhalten; variable Ladungsdichte der Oberfläche; gezielte Oberflächenfunktionalisierung).

Zwei Beispiele aus dem Alltag stellen die Elemente Silber und Gold dar. Während uns die Feststoffe mit ihren Eigenschaften bekannt sein dürften, verhalten sich nanopartikuläres Silber und Gold hier deutlich anders; augenscheinlich wird das besonders durch eine deutliche, von der Partikelgröße abhängige Färbung (nano-Silber: gelblich, nano-Gold: rötlich). Schon im Mittelalter wurden so Kirchenfenster gezielt gefärbt, ohne freilich von *Nanotechnologie* zu sprechen.

Ein weiteres Gedankenexperiment soll den Einstieg in die *nano-Welt* vertiefen und deren Besonderheiten aufzeigen: Stellen wir uns einen Würfel aus einem bestimmten Material vor. Wir teilen den Würfel durch drei Schnitte in acht Teilwürfel. Dabei bleibt das Gesamtvolumen V natürlich gleich, die Oberfläche A verdoppelt sich bei diesem Schritt. Zerkleinern wir den Würfel weiter, wächst die Oberfläche entsprechend an. Konkret: Wird ein Würfel mit der Kantenlänge 1 cm (Ausgangsoberfläche: 6 cm^2) so lange geteilt, bis Würfelchen mit der Kantenlänge 100 nm entstehen, beträgt die resultierende Gesamtoberfläche 600.000 cm^2, also 60 m^2! Das Verhältnis von Oberfläche zu Volumen (A/V) ändert sich von 6 zu 600.000 cm^{-1} [3].

So ist zu verstehen, warum nanoskaliges Material eine so große spezifische Oberfläche (Oberfläche pro Masse) aufweist. Daraus ergibt sich auch eine Zunahme der Reaktionsfähigkeit eines Materials mit abnehmender Partikelgröße (Abb. 1.1). Oberflächeneigenschaften spielen also mit abnehmender Partikelgröße eine größere Rolle als Festkörpereigenschaften. Weitere Einzelheiten werden in Kap. 4 diskutiert.

Die vielversprechenden Eigenschaften der ENP erklären ihre gegenwärtig verstärkte Herstellung und Anwendung in unterschiedlichen Bereichen (unter anderem Industrie, Medizin, Körperpflege, Lebensmittelbranche; siehe Kap. 3). Es kann davon ausgegangen werden, dass es dadurch auch zu ihrem Eintrag in aquatische Systeme kommt. Bezüglich des Vorkommens und des Verhaltens von ENP in der aquatischen Umwelt gibt es derzeit allerdings noch erhebliche Kenntnislücken. Diese sind unter anderem darauf zurückzuführen, dass kaum verlässliche Daten zu tatsächlichen Produktionsmengen und zu Umwelt-Konzentrationen vorliegen. Die große Vielfalt von ENP erschwert es zudem, generelle Aussagen über die Stabilität, Mobilität, Toxizität und Wechselwirkungen von ENP in aquatischen Systemen zu treffen (siehe Kap. 4 bis 6).

2.1 Historische Aspekte

Im aktuellen wissenschaftlichen und gesellschaftspolitischen Diskurs über Nanopartikel in der wässrigen Umwelt fällt auf, dass es eine teilweise erbitterte Diskussion um Begriffsdefinitionen gibt und dass viele Begriffe nicht korrekt gebraucht werden. In diesem Zusammenhang ist zunächst die häufig synonyme Verwendung von *Nanopartikel* und *Kolloid* zu nennen.

Der Begriff *Kolloid* leitet sich von den griechischen Worten κόλλα (*kólla* = Leim) und οειδής (*oeidés* = ähnlich) ab. Nach IUPAC (*International Union of Pure and Applied Chemistry*) [5] werden unter Kolloiden Objekte verstanden, bei denen zumindest eine Dimension eine Länge von 1 nm bis 1000 nm besitzt. Damit wird klar, dass Kolloide nur teilweise nanoskalig sind und sich eine synonyme Verwendung der Begriffe *Nanopartikel* und *Kolloid* verbietet (siehe auch Abb. 1.1). Um zu verstehen, warum dies dennoch oft geschieht, ist ein kurzer Blick in die Wissenschaftsgeschichte notwendig.

Die bewusste und wissenschaftliche Beschäftigung mit Kolloiden ist noch keine 200 Jahre alt; der englische Physiker Thomas Graham hat 1861 den Begriff *Kolloid* geprägt; auch Michael Faraday experimentierte mit kolloidalem Gold. Besonders in Deutschland hatte die Kolloidforschung in der ersten Hälfte des 20. Jahrhunderts ihre erste Blütezeit. 1922 wurde die *Kolloid-Gesellschaft zur Pflege und Förderung der Kolloidwissenschaft* in Leipzig gegründet (sie existiert noch heute). Für kolloidchemische Arbeiten erhielt 1925 der österreichische Chemiker Richard Zsigmondy den Nobelpreis für Chemie. Es verwundert daher nicht, wenn der deutsche Kolloidchemiker Wolfgang Ostwald 1922 schreibt [3, 6]:

© Springer Fachmedien Wiesbaden 2015
M. Delay, *Nanopartikel in aquatischen Systemen*, essentials,
DOI 10.1007/978-3-658-08731-9_2

> *„Ich weiß keinen Zweig der heutigen Naturwissenschaften, der derartig viele und verschiedenartige Interessenkreise berührt, wie die Kolloidchemie. Gewiss, auch Atomtheorie und Radioaktivität interessieren heute jeden intellektuell wachen Menschen. Aber dies sind geistige Delikatessen verglichen mit der Kolloidchemie, die für viele theoretische und praktische Gebiete nötig ist heute wie das liebe Brot. "*

Ostwald bezeichnete Kolloide als *„Welt der vernachlässigten Dimensionen"* [7]. Dies wurde insbesondere ab den 1980er Jahren wieder klar, als man sich intensiv mit dem Transportverhalten von Schadstoffen im Grundwasser beschäftigte. Es zeigte sich, dass konventionelle Zwei-Phasen-Modelle (gelöste Phase, Feststoffphase) nicht ausreichend waren, um die Verbreitung und den Transport mancher Stoffe (insbesondere von Schwermetallen, Radionukliden und organischen Schadstoffen) zu verstehen [8, 9]. Als praktikabel hat sich die Annahme erwiesen, dass viele Schadstoffe an Kolloide sorbieren, mit diesen transportiert werden (*„Rucksack-Effekt"*) und bei sich ändernden physikalisch-chemischen Randbedingungen wieder freigesetzt werden. Dieser kolloidal-gestützte Stofftransport war im Blickpunkt zahlreicher Forschungsprogramme [9].

Spannend in diesem Zusammenhang ist ein 1993 von Jopp in der Wochenzeitung DIE ZEIT veröffentlichter Artikel zum Thema Kolloidchemie („Potente Krümel"), in der er schreibt [10]:

> *„Der Forschungszweig mit der ehrwürdigen Tradition verspricht also mehr zu sein als eine technische Mode. Doch weltweit arbeiten derzeit noch nicht einmal ein Dutzend Teams von Kolloidchemikern. Für das neue Max-Planck-Institut sowie die Kolloidlabors der deutschen Chemieindustrie bestehen also gute Chancen, sich rechtzeitig eine führende Rolle auf diesem Gebiet zu erarbeiten. "*

Im Artikel fällt auch beiläufig der Begriff *Nanopartikel*. In den folgenden Jahren erschließen sich die Möglichkeiten der *Nanotechnologien* immer mehr; nach Lektüre alter kolloidchemischer Literatur könnte man auch sagen: wieder neu [3]. Hauptsächlich seit Anfang der 2000er Jahre kam es dann zu einer enormen politischen Förderung der Nanotechnologien. Eine führende Rolle hierbei spielten die USA, wo Forscher wie Mihail Roco beim US-Präsidenten (damals: Bill Clinton) mit der *National Nanotechnology Initiative (NNI)* vorstellig wurden; seither werden nanotechnologische Projekte stark gefördert (derzeitige Größenordnung des Budgets für die *NNI*: 1.5 Mrd. US-Dollar/Jahr; www.nano.gov). Andere Staaten wie Deutschland und Japan sehen ebenfalls das technologische wie auch wirtschaftliche Potenzial; ob allerdings prophezeite Marktvolumina im Billionen-Bereich realistisch sind, sei hier in Frage gestellt. Mehr zu den Hintergründen findet sich in [11].

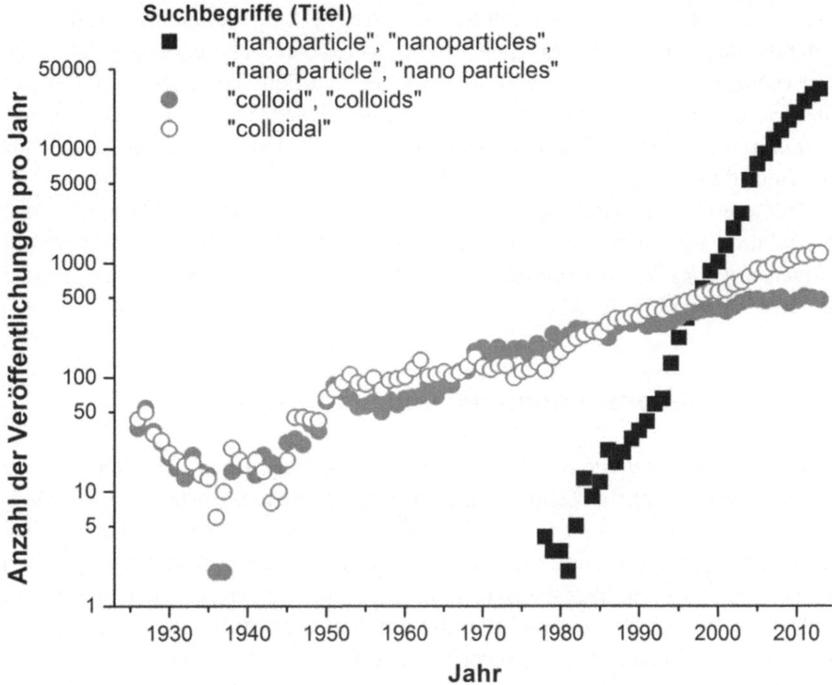

Abb. 2.1 Veröffentlichungen zu *Nanopartikeln* und *Kolloiden* als Spiegel des Zeitgeistes. (Erläuterungen im Text, man beachte den halb-logarithmischen Maßstab!)

Fakt ist: *nano* ist im Trend. Diese Entwicklung spiegeln die in Abb. 2.1 dargestellten Zahlen zu den wissenschaftlichen Veröffentlichungen teilweise wider. Die Abbildung zeigt die Anzahl der wissenschaftlichen Veröffentlichungen zu den Suchbegriffen *nanoparticle, colloid* und *colloidal* pro Jahr über die letzten Jahrzehnte (Zugriff über WEB OF SCIENCE TM, Suche mit unterschiedlichen Schreibweisen).

Es fällt deutlich auf, dass erst ab Ende der 1970er Jahre Veröffentlichungen zu Nanopartikeln auftauchen; dann allerdings steigt die Anzahl der diesbezüglichen jährlichen Publikationen innerhalb kurzer Zeit erheblich an, zwischen 1994 und 2005 besonders stark. Bereits 2000 übertrifft die Gesamtanzahl der Publikationen zu *nanoparticle(s)* die zu *colloid(s) + colloidal*; 2013 liegt die Anzahl der Veröffentlichungen zu *nanoparticle(s)* bei über 30.000. Demgegenüber liegt die Anzahl der registrierten Veröffentlichungen über Kolloide um fast zwei Größenordnungen darunter; ab 1997 stagniert das Niveau auf 400 bis 500 Veröffentlichungen pro

Jahr. Eine interessante Rolle spielt die Verwendung von *colloidal* im Titel der Veröffentlichung. Sieht es bis Ende der 1990er Jahre so aus, als sei die anzahlmäßige Verwendung von *colloid(s)* und *colloidal* im Veröffentlichungstitel weitgehend ähnlich und damit zufällig, fällt danach eine deutliche Präferenz für *colloidal* auf. *colloidal* als Eigenschaft scheint noch übertragbarer und trendfähiger zu sein als der Begriff *colloid*.

In diesem Zusammenhang weisen Meier [11] und Schummer [12] auf die enge Korrelation zwischen dem Verlauf des Budget der US-amerikanischen *National Nanotechnology Initiative* und der Anzahl der Publikationen mit *nano* im Titel und Beteiligung von US-Forschern hin („*science follows money*").

2.2 Begriffsbestimmungen und Systematik

Bislang haben wir einige Begriffe verwendet, ohne diese genau zu definieren. Eine exakte und einheitliche Terminologie ist aber unumgänglich, um Missverständnisse und Kommunikationsschwierigkeiten möglichst weit zu minimieren. Eine äußerst nützliche Zusammenstellung der Terminologie findet sich in [13]; [14] gibt einen Überblick über die Standardisierungsaktivitäten zu Nanopartikeln. Im Folgenden werden ausgewählte Begriffe mit dem Hinweis auf die entsprechende Norm definiert; einige Anmerkungen werden ebenfalls mit angegeben.

Unter *Nanomaßstab* oder *nanoskalig* wird der *„Größenbereich von etwa 1 nm bis 100 nm"* verstanden; der *„untere Grenzwert in dieser Definition (etwa 1 nm) wird eingeführt, um zu vermeiden, dass einzelne Atome oder kleine Atomgruppen als Nanoobjekte oder Bestandteile von Nanostrukturen bezeichnet werden, was bei Abwesenheit eines unteren Grenzwerts impliziert werden könnte."* [15].

Nach DIN ISO/TS 80004-1 [15] werden *Nanomaterialien* in *Nanoobjekte* und *nanostrukturierte* Materialien unterteilt. *Nanopartikel* sind *Nanoobjekte* mit drei Außenmaßen im Nanomaßstab. Wir sehen also, dass die synonyme Verwendung von *Nanomaterial* und *Nanopartikel* ebenfalls nicht korrekt ist. Weitere *Nanoobjekte* sind *Nanofasern* und *Nanoplättchen* (zwei Außenmaße beziehungsweise ein Außenmaß im Nanomaßstab) [16].

Die für uns wichtigsten, derzeit gültigen Definitionen lauten:

* ***Nanomaterial***: *„Material mit einem oder mehreren Außenmaß(en) im Nanomaßstab oder mit einer inneren Struktur oder Oberflächenstruktur im Nanomaßstab."* [15].
* ***Nanoobjekt***: *„Material mit einem, zwei oder drei Außenmaß(en) im Nanomaßstab."* [16].

- **Nanopartikel**: *„Nanoobjekt mit allen drei Außenmaßen im Nanomaßstab."* [16]. Weiter wird ergänzt: *„Wenn sich die Längen der längsten und der kürzesten Achsen des Nanoobjekts wesentlich unterscheiden (üblicherweise um mehr als das Dreifache), sollten die Begriffe Nanofaser oder Nanoplättchen statt des Begriffs Nanopartikel verwendet werden".*
- **Nanotechnologie**: *„Anwendung der wissenschaftlichen Erkenntnisse zur Handhabung und Steuerung von Substanzen im Nanomaßstab, um größen- und strukturabhängige Eigenschaften und Phänomene zu nutzen, die sich von denen unterscheiden, die mit einzelnen Atomen beziehungsweise Molekülen oder mit höherskaligen Materialien verbunden sind."* [15].
- **Nanowissenschaft**: *„Untersuchung, Erforschung und Verständnis von Substanzen im nanoskaligen Bereich, bei denen größen- und strukturabhängige Eigenschaften und Phänomene auftreten können, die sich von denen einzelner Atome beziehungsweise Moleküle oder höherskaliger Materialien unterscheiden."* [15].
- **Nanotoxikologie**: *„Anwendung der Toxikologie auf Untersuchungen an Nanomaterialien."* [17].

Außerdem nützliche Definitionen für unsere weiteren Betrachtungen sind:

- **Agglomerat**: *„Ansammlung schwach gebundener Partikel oder Aggregate beziehungsweise Gemische der beiden, in der die resultierende Oberfläche ähnlich der Summe der Oberflächen der einzelnen Bestandteile ist."* [16]. Weiter wird bemerkt: *„ANMERKUNG 1 Die ein Agglomerat zusammenhaltenden Kräfte sind schwache Kräfte, zum Beispiel Van-der-Waals-Kräfte, oder einfache physikalische Verhakungen. ANMERKUNG 2 Agglomerate werden auch als Sekundärpartikel bezeichnet und die ursprünglichen Ausgangspartikel werden als Primärpartikel bezeichnet."*
- **Aggregat**: *„Partikel aus fest gebundenen oder verschmolzenen Partikeln, bei dem die resultierende Oberfläche wesentlich kleiner als die Summe der berechneten Oberflächen der einzelnen Bestandteile sein kann."* [16]. Weiter wird bemerkt: *„ANMERKUNG 1 Die ein Aggregat zusammenhaltenden Kräfte sind starke Kräfte, zum Beispiel kovalente Bindungen oder solche, die auf Sintern oder komplexen physikalischen Verhakungen beruhen."*

Bereits im einleitenden Kapitel haben wir Nanopartikel im Hinblick auf ihre *core*-Materialien systematisiert dargestellt (Tab. 1.1). Eine weitere Unterteilungsmöglichkeit berücksichtigt, ob die Nanopartikel gezielt hergestellt wurden oder natürlichen Ursprungs sind und ob sie gewollt oder ungewollt in die Umwelt gelangen oder bei der Herstellung anfallen. Dies klingt auch partiell in der Normung an:

- **industriell hergestelltes Nanomaterial (manufactured nanomaterial)**: *„Nanomaterial, das für wirtschaftliche Zwecke mit bestimmten Eigenschaften oder bestimmter Zusammensetzung hergestellt wird."* [15].
- **technisches Nanomaterial (engineered nanomaterial)**: *„Nanomaterial, das für eine bestimmte Verwendung oder Funktion entwickelt wurde."* [15].
- **unbeabsichtigtes Nanomaterial**: *„Nanomaterial, das als unbeabsichtigtes Nebenprodukt eines Prozesses erzeugt wird."* [15]. Weiter wird bemerkt: *„Der Prozess umfasst Herstellungs-, biotechnologische oder andere Prozesse."*

Eine lange und intensiv geführte Diskussion betrifft die Definition des Begriffs *Nanomaterial* im EU-Recht [11]. Hauptstreitpunkt war, ob bei der Partikelgröße eine anzahlbezogene oder eine massenbezogene Partikelgrößenverteilung einfließen sollte. Dies ist angesichts unserer Ausführungen über die partikelgrößenabhängige Reaktivität von Nanopartikeln von großer Bedeutung. Schließlich legte man sich so fest:

> *„Nanomaterial ist ein natürliches, bei Prozessen anfallendes oder hergestelltes Material, das Partikel in ungebundenem Zustand, als Aggregat oder als Agglomerat enthält, und bei dem mindestens 50 % der Partikel in der Anzahlgrößenverteilung ein oder mehrere Außenmaße im Bereich von 1 nm bis 100 nm haben."* [18].

Entsprechend dieser Empfehlung der Europäischen Kommission von 2011 sind also auch natürlich erzeugte Teilchen (etwa Rußpartikel) Nanomaterialien. Nanotechnologische Anwendungen gibt es, wie eingangs schon bemerkt, schon seit mehreren Jahrtausenden, eine solche Benennung jedoch erst seit knapp 30 Jahren [13].

Anwendungen von synthetischen Nanopartikeln (ENP)   3

Die Bandbreite der Anwendungen und Einsatzmöglichkeiten von technischen und industriell hergestellten Nanopartikeln ist enorm. Gute Überblicke finden sich in [19, 20] und auf www.nanopartikel.info sowie www.nanotechproject.org/cpi. In Tab. 3.1 sind zur ersten Orientierung einige Beispiele aufgeführt, die verdeutlichen, wie ENP viele Lebensbereiche durchdringen.

Bezüglich der Daten zur Produktion von Nanomaterialien, insbesondere Nanopartikeln, gibt es enorme Bandbreiten. Für die EU können größenordnungsmäßig genannt werden [21]: Fullerene: 20 t/a, Nano-Silber: 30 t/a, *carbon nanotubes* (CNT): 380 t/a, Nano-Zinkoxid (ZnO): 1600 t/a, Nano-Titandioxid (TiO_2): 10.000 t/a. Detailliertere Angaben und weitere Literatur finden sich in [21].

Die Tabelle gibt selbstverständlich nur einen äußerst knappen Überblick. Freilich liegen bei vielen Anwendungen die Nanopartikel auch nicht frei vor, sondern sind in eine Feststoffmatrix eingebunden oder auf eine Oberfläche aufgebracht, was bei der Beurteilung des möglichen resultierenden Risikos berücksichtigt werden muss. Auf einige Nanopartikel und Aspekte sei folgend noch näher eingegangen.

Auf Grund seiner antimikrobiellen Eigenschaften sind Silber-Nanopartikel die am häufigsten eingesetzten Nanopartikel in Konsumgütern; auch in der Medizin finden sie breite Anwendung. Dabei ist noch wenig über den genauen Wirkmechanismus bekannt (Einfluss von gelöstem Ag^+, kritische Partikelgröße) [22]. Die Anwendung von Silber-Nanopartikeln in der Medizin ist deshalb vielversprechend, weil diese wirksam gegen diverse, zum Teil auch Antibiotika-resistente Krankheitserreger sind. Allerdings ist nicht klar, ob sich durch den breiten Einsatz von

© Springer Fachmedien Wiesbaden 2015
M. Delay, *Nanopartikel in aquatischen Systemen,* essentials,
DOI 10.1007/978-3-658-08731-9_3

Tab. 3.1 Einsatzgebiete unterschiedlicher NP (ergänzt nach [19])

Bereich	Material	Produkt	Zweck
Medizin	Silber	Implantate, Besteck	Antibakterielle Wirkung
	Siliciumdioxid	Medikamente, Salben	Wirkstofftransporter
Kosmetik	Titandioxid, Zinkoxid	Sonnencreme, Hautcreme	UV-Schutz
Nahrungsmittel	Siliciumdioxid	Speisesalz, Suppen	Größere Sämigkeit
Industrielle Katalyse	Gold	Katalysator	Ermöglichung chemischer Reaktionen
Farben	Titandioxid	(Auto-)Lacke	Höhere Beständigkeit
Landwirtschaft	Pestizide in Nanokapseln	Pestizide	Pflanzenschutz, Schädlingsbekämpfung
Automobil-Industrie	„*black carbon*" (Ruß)	Autoreifen	Haftungsverbesserung
	Platin	Katalysatoren	Emissionsminderung
Textilien	Silber	Kleidung, Schuheinlagen	Antibakterielle Wirkung
Sport	Kohlenstoff-nano-Röhren (*carbon nanotubes*, CNT)	Tennisschläger, Fahrradrahmen	Größere Stabilität
IT-Branche	Silicium	Wafer	Senkung des Ressourcenverbrauchs, Steigerung der Leistung
	Silber	Elektronische Bauteile	
Wasser-Technologie	Nullwertiges Eisen	Eisenpartikel	Grundwassersanierung
	Titandioxid	Photokatalysator	Schadstoffabbau

nanopartikulärem Silber auch silberresistente Bakterienstämme ausbilden und damit die Vorteile wieder schmälern.

Im Bereich der Baustoffe gilt der gezielte Einsatz von Nanopartikeln als höchst vielversprechend. So wirkt der Zusatz bestimmter Nanopartikel zu Baustoffen sich signifikant auf deren Aushärteverhalten aus und stellt damit auch eine entscheidende ökonomische und ökologische Komponente dar (Beispiel: nanoskalige Kristalle als Erhärtungsbeschleuniger für Beton (X-SEED®, Firma BASF)).

In [23] findet sich eine Zusammenstellung, inwieweit Nanotechnologie aktuell zum Beispiel zur Verbesserung der Wasserqualität eingesetzt wird; dabei stehen Anwendungsmöglichkeiten von Nanopartikeln im Fokus. Ferner sei in diesem Zusammenhang auf die Darstellungen in [24–27] hingewiesen.

Mit Farbstoffen beschichtete Nanopartikel finden beispielsweise einen häufig vergessenen Einsatz in der chemischen Analytik von Spuren- und Schadstoffen [28]. Nanopartikel aus nullwertigem Eisen (*zero-valent iron* NP, ZVI-NP) zeigen ein großes Potenzial bei der Grundwassersanierung, etwa bei der Entfernung von Trichlorethen.

Die Anwendung von ENP wird auch zur Verbesserung der Leistungsfähigkeit von Membranen zur Wasseraufbereitung erwähnt, zum Beispiel um *biofouling*-Effekte zu minimieren (Einsatz von Silber-Nanopartikeln [29]). Allerdings ist noch wenig darüber bekannt, wie stabil diese Funktionalisierungsschichten sind und ob mit ENP behandelte Membranen wirtschaftlich und im großen Maßstab einsetzbar sein werden. Für abrasive Medien (zum Beispiel Abwasser) dürfte eine Anwendung sehr limitiert sein, wohingegen Spezialanwendungen (etwa im Pharmabereich) eher denkbar sind.

Kohlenstoff-basierte Materialien stellen prinzipiell leistungsfähige Adsorbentien zur Entfernung von organischen und anorganischen Spurenstoffen aus der Wasserphase dar [30], da sie eine große spezifische Oberfläche aufweisen und zusätzlich noch oberflächenfunktionalisiert werden können. So führte beispielsweise die Oberflächenoxidierung von *carbon nanotubes* (CNT) zu einer Zunahme der Adsorptionskapazität für Cu^{2+} [31]. Entsprechende Anwendungen können insbesondere zur Entfernung von polaren Spurenstoffen und anorganischen Molekülen von Interesse sein; ferner ist eine Kombination mit klassischen Aufbereitungsverfahren (zum Beispiel Adsorption an Aktivkohle) und deren Optimierung durch ENP denkbar. Der großtechnische Einsatz findet noch wirtschaftliche Grenzen durch die derzeit relativ hohen Produktionskosten von CNT. Kosten und Nutzen werden kontrovers diskutiert; hier ist weitere systematische Forschung unter Berücksichtigung der wirtschaftlichen Umsetzbarkeit und des Energiebedarfs (inklusive Herstellung der ENP) erforderlich. Dabei sind immer die klassischen und etablierten Adsorbentien wie auch Störeinflüsse durch Wasserinhaltsstoffe mit in Betracht zu ziehen [32].

Im Hinblick auf seine Praktikabilität kritisch zu sehen ist auch der Einsatz von TiO_2 als Photokatalysator zur Wasserreinigung. Dieser wird in einer kaum überschaubaren Anzahl an Veröffentlichungen propagiert, beispielsweise zum Abbau organischer Schadstoffe und zur Detoxifizierung anorganischer Komponenten (etwa Cr(VI) zu Cr(III)). Eine wirtschaftliche Anwendung im großtechnischen Maßstab existiert trotz mindestens eines Jahrzehntes intensiver Forschungsarbeiten bislang dennoch nicht. Problematisch sind nicht etwa die Kosten für TiO_2, sondern unter anderem dessen großes Haftvermögen an Oberflächen und die gezielte Wieder-Abtrennung aus der Wasserphase. Eine Immobilisierung von TiO_2 und die Kombination mit Membranen könnte hier zielführend sein [33].

Verhalten von Nanopartikeln in aquatischen Systemen

4

4.1 Vorbemerkungen

nano sells – wie wir gesehen haben, gilt dies nicht nur für viele Anwendungen von Nanomaterialien, sondern auch für die wissenschaftliche Forschung über Nanomaterialien, insbesondere Nanopartikel. Dabei scheint es zunächst verlockend zu sein, einfach alte Konzepte aus der Schublade zu ziehen und einfach *Kolloid* durch *Nanopartikel* zu ersetzen. Da Nanopartikel als Subfraktion der Kolloide aufgefasst werden können, spielen zweifelsohne die Grundlagen der Kolloidforschung eine essentielle Bedeutung, wenn es um das Verständnis von ENP in wässrigen Systemen geht. Dies umfasst alle Bereiche von der industriellen Herstellung von ENP bis hin zu den Umweltwissenschaften. Zur weiteren Entwicklung ist es allerdings auch notwendig, die Besonderheiten von Nanopartikeln zu identifizieren.

4.2 Grundlagen

Folgende Faktoren spielen eine herausragende Rolle im Hinblick auf die Stabilität, die Mobilität und die Toxizität von Nanopartikeln sowie ihre Anwendbarkeit in technischen Systemen:

- Partikelgröße und Partikelgrößenverteilung (inklusive Polydispersität),
- Agglomerationszustand, Partikelform und ihre fraktale Dimension,
- Oberflächeneigenschaften (Funktionalisierung, *coating*, Ladungsverteilung),

© Springer Fachmedien Wiesbaden 2015
M. Delay, *Nanopartikel in aquatischen Systemen,* essentials,
DOI 10.1007/978-3-658-08731-9_4

- Partikelzusammensetzung (Chemismus, Kristallstruktur, Halbleitereigenschaften),
- Löslichkeit und
- Eigenschaften des umgebenden Mediums (vor allem pH-Wert, Ionenstärke, gelöste organische Materie).

Es ist offensichtlich, dass eine vollständige Charakterisierung eines jeweiligen Nanopartikels an die Grenzen der Praktikabilität (und Kosten) stößt. Es ist immer noch eine zentrale Frage, welche Partikeleigenschaften am wichtigsten im Hinblick auf die Beurteilung des Umweltverhaltens und der (Öko-)Toxizität von ENP sind [34]. Detaillierte und weiterführende Abhandlungen zu den Grundlagen der Chemie und Physik von Kolloiden und Nanopartikeln finden sich in der Fachliteratur; vor allem sind hier [35–38] als Grundlagenwerke zu nennen. Kurze deutschsprachige Übersichten geben [39–41], sehr ausführlich ist [42]. Es sei an dieser Stelle nur auf die wichtigsten Aspekte eingegangen.

Mit abnehmender **Partikelgröße** werden die Oberflächeneigenschaften immer dominierender; das Verhältnis von Oberflächenatomen zur Gesamtzahl der Atome eines Partikels liegt beispielsweise für Gold-Partikel mit einem Durchmesser von 5 nm bei etwa 31 % [43]. Die damit zusammenhängende, eingangs erwähnte große spezifische Oberfläche von Nanopartikeln macht deutlich, dass es einen großen Unterschied macht, ob in einer Suspension zum Beispiel 1 g Nano-Silber mit einem mittleren Partikelgrößendurchmesser von 10 nm oder von 100 nm suspendiert ist. Auf den Punkt gebracht: *size matters*. Dieser Aspekt wird auch bei der Diskussion der Toxizität von Nanopartikeln noch eine Rolle spielen. In der Regel weisen natürliche Nanopartikel auf Grund der mannigfaltigen Quellen und Prozesse eine breite Partikelgrößenverteilung auf (hohe Polydispersität), während gezielt synthetisch hergestellte Partikel eine enge Verteilung aufweisen.

Es gibt offenbar eine kritische Partikelgröße von etwa 30 nm, ab der sich die Partikeleigenschaften (zum Beispiel Oberflächenenergie) drastisch verändern (ausführliche Darstellung für anorganische Metall- und Metalloxid-Nanopartikel in [44]). Außerdem lassen sich in der Literatur zahlreiche Hinweise auf die Notwendigkeit finden, nicht nur die Größe und chemische Zusammensetzung der Partikel zu berücksichtigen, sondern auch ihre **Form und den Agglomerationszustand**. Beispielsweise konnte für nanopartikulären Magnetit gezeigt werden, dass dessen Reaktivität bezüglich Tetrachlormethan mit zunehmender Partikelgröße und zunehmender Ionenstärke abnahm; Grund dafür ist die Agglomeration der Nanopartikel bei Erhöhung der Ionenstärke [45].

Die größte Anzahl an Nanopartikeln (natürliche und synthetische) sind nicht elektrisch neutral, sondern weisen eine **Oberflächenladung** auf. Diese kann verschiedene Ursachen haben [46–48]:

- Ionisierung von Säuregruppen oder von basischen Gruppen auf der Partikeloberfläche,
- selektives Lösen von Ionen aus dem Kristallgitter (zum Beispiel von Ag^+-Ionen aus einer AgI-Oberfäche in einer KI-Lösung oder Lösen von I^--Ionen aus einer AgI-Oberfläche in einer $AgNO_3$-Lösung),
- isomorpher Ersatz von Ionen in Kristallen,
- Kantenladungen von Tonmineralen und
- spezifische Adsorption von kationischen oder von anionischen Komponenten (Detergenzien, Polyelektrolyte).

Ferner unterscheidet man permanente und variable Ladungen. Permanente Ladungen treten auf, wenn einzelne Ionen im Kristallgitter durch ähnlich große Ionen eines anderen Elementes und mit anderer Ladung ersetzt werden (isomorpher Ersatz). Am bekanntesten ist der Ersatz des höherwertigen Si^{4+} durch das niederwertigere Kation Al^{3+} in Tonmineralen.

Für die variable Ladung entscheidend sind die an der Partikeloberfläche vorhandenen funktionellen Gruppen und der **pH-Wert** der Suspension. Ein niedriger pH-Wert führt zu einer Protonierung der Oberfläche und damit zu einem weniger stark negativen Potenzial; eine Erhöhung des pH-Wertes bewirkt entsprechend die Ausprägung einer negativeren Partikeloberflächenladung. Selbstverständlich sind Partikelsuspensionen insgesamt elektrisch neutral. Das Potenzial des Partikels nimmt durch Sorption von Ionen mit zunehmender Entfernung von der Partikeloberfläche ab.

Die **Partikelzusammensetzung** und das *coating* entscheiden neben der Partikelgröße wesentlich über das Auflösungsverhalten des Partikels. So kann beispielsweise beim Einsatz von Nanopartikeln in der Medizin gezielt die Stofffreisetzung aus einem Partikel gesteuert werden.

4.3 Wechselwirkungen von Nanopartikeln

In wässriger Umgebung liegen Nanopartikel nicht allein vor, sondern treten in Wechselwirkung miteinander, mit gelösten anorganischen und organischen Stoffen, mit anderen Partikeln und mit Lebewesen. In Abb. 4.1 sind wichtige Wechselwirkungen von Nanopartikeln in wässriger Umgebung schematisch dargestellt. Dabei kommen die oben aufgeführten Eigenschaften zum Tragen.

Nanopartikel können in wässriger Umgebung ihre ursprünglichen Eigenschaften über einen gewissen Zeitraum behalten; man sagt, die Suspension sei stabil. Wird eine Suspension destabilisiert, können sich die Partikel einander annähern und agglomerieren. Die Stabilität einer Partikelsuspension ist das Resultat aus An-

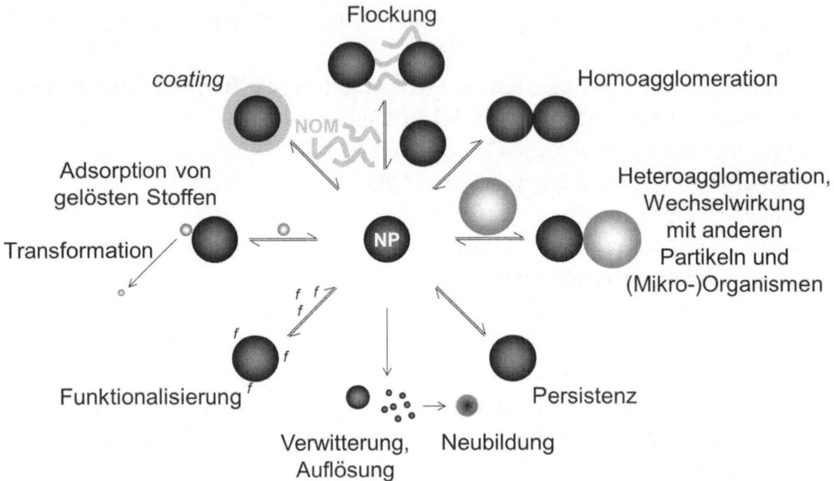

Abb. 4.1 Wechselwirkungen und Reaktionen von ENP in wässrigen Systemen (f funktionelle Gruppen) (nach [1])

ziehungskräften (van-der-Waals-Energie) und Abstoßungskräften (elektrostatische Energie) zwischen den Partikeln. Anziehend wirken neben van-der-Waals-Kräften auch entgegengesetzte Ladungen (+/−; −/+). Zur Abstoßung und Stabilisierung tragen gleichnamige Ladungen (+/+; −/−) und an die Oberfläche adsorbierte organische Moleküle bei; man spricht dann von elektrostatischer beziehungsweise sterischer Stabilisierung. Die sterische Stabilisierung kann man sich wie eine dicke Daunenjacke vorstellen, welche die Partikel hindert, sich einander zu nähern. Wissenschaftlich beschrieben werden diese Kräftebilanzen mit Hilfe der DLVO-Theorie (nach Derjaguin, Landau, Verwey und Overbeek) (kurz in [39, 49]).

Zentral bei den Betrachtungen ist, dass sowohl der pH-Wert als auch die Ionenstärke (ein Maß für die Summe der gelösten Ionen) sich signifikant auf die Stabilität der Partikelsuspension auswirken. Durch die Anlagerung von Ionen an die geladene Partikeloberfläche kommt es zur Ausbildung einer elektrischen Doppelschicht; die immobile Schicht an der Partikeloberfläche (Stern-Schicht) wird gefolgt von einer diffusen Schicht, bis in einer bestimmten Entfernung zur Partikeloberfläche ein Ladungsausgleich erreicht ist (für die diversen Modelle: siehe [42]).

Eine hohe Ionenstärke bewirkt eine räumlich komprimierte elektrische Doppelschicht, sodass sich die Partikel einander annähern und agglomerieren können. Dabei spielt die Wertigkeit der Ionen eine wichtige Rolle. Die empirische Schulze-Hardy-Regel (Gl. 4.1) erlaubt eine Abschätzung darüber, welche Konzentration verschiedenwertiger Kationen nötig ist, um ein nanopartikuläres System zu destabilisieren. Erfahrungswerte zur Entfernung geogener Kolloide bei der Wasseraufbereitung (Flockung) sind: 20 bis 150 mmol/L, 0,5 bis 3 mmol/L und 0,01 bis 0,1 mmol/L für mono-, di- beziehungsweise trivalente Metall-Kationen (Me^+, Me^{2+} beziehungsweise Me^{3+} in Gl. 4.1) [48].

$$c(Me^+) : c(Me^{2+}) : c(Me^{3+}) = \left(\frac{1}{1}\right)^6 : \left(\frac{1}{2}\right)^6 : \left(\frac{1}{3}\right)^6 \qquad (4.1)$$

Als sehr hilfreich bei der Beurteilung der Stabilität von nanopartikulären Suspensionen hat sich die Messung des Zeta-Potenzials erwiesen. Dabei handelt es sich nicht direkt um die Oberflächenladung eines Partikels, sondern um das Potenzial eines bewegten geladenen Teilchens an einer Scherfläche (Details in [50]).

4.4 Nanopartikel in wässrigen Systemen: Auch Partikel werden älter

ENP stellen nur einen winzigen Anteil der Nanopartikel in der Umwelt dar [51]. Dabei ist zu bemerken, dass man sich in den Geowissenschaften in immer größerem Maß bewusst wird, wie wichtig Prozesse im Nanomaßstab auch in Umweltsystemen sind; dies wird sich definitiv auf die Konzepte der modernen Mineralogie auswirken [51, 52]. Sogar scheinbar bekannte Systeme wie Eisenoxide müssen in diesem Kontext wieder neu betrachtet werden. Navrotsky et al. [53] konnten herausarbeiten, dass nanopartikuläre Eisenphasen thermodynamisch stabilisiert sind und eine wichtige Rolle spielen, um die Bildung und Eigenschaften von Eisenoxiden in der Natur zu verstehen. Diese Ergebnisse können selbstverständlich auch auf andere nanopartikuläre Mineralphasen im gesamten Wasserkreislauf übertragen werden und zu ihrem besseren Verständnis beitragen [4, 51, 54].

Es gibt zahlreiche Übersichtsartikel und Bücher über das Verhalten von Nanopartikeln in der wässrigen Umwelt [55–57]. Insbesondere in Umweltmedien behalten Nanopartikel selten ihre ursprünglichen Eigenschaften – sie altern (*aging*). In Abb. 4.1 sind die wichtigsten Umwandlungsprozesse dargestellt. Das Verständnis dieser molekularen Wechselwirkungen ist der Schlüssel, um die Stabilität, die Mobilität, die Bioverfügbarkeit und (Öko-)Toxizität, die Reaktionen sowie die technische Anwendbarkeit von ENP und Nanopartikeln allgemein zu verstehen und zu beurteilen.

Leider existieren hier noch erhebliche Kenntnislücken. Durch Umwandlungsprozesse können ENP ihre ursprüngliche Eigenschaften (zum Beispiel Oberflächenfunktionalisierung) völlig verändern oder verlieren [58, 59]. Es ist wahrscheinlich, dass nur wenige der in die Umwelt emittierten ENP persistent sind. Für Fulleren-Nanopartikel konnten beispielsweise photochemische Transformationen nachgewiesen werden, die zu einer Zunahme ihrer Hydrophilie führten; das ist auch aus analytischen Gesichtspunkten von großer Relevanz [60]. In Gegenwart von Huminsäure waren diese Umwandlungen signifikant unterdrückt, höchstwahrscheinlich durch *scavenger*-Effekte (Radikalfänger) der Huminsäure. Dieses Beispiel zeigt nicht nur, dass sich ENP in der Umwelt umwandeln, sondern auch, dass die Wasserqualität und Wasserinhaltsstoffe diese molekularen Wechselwirkungen entscheidend beeinflussen können.

„nanos meet humics" Neben dem pH-Wert und der Ionenstärke spielt bei der Stabilität und Reaktivität von ENP in wässrigen Systemen insbesondere die natürliche organische Materie (NOM) eine bislang noch wenig beachtete Hauptrolle [61]. NOM ist allgegenwärtig in wässrigen Systemen, wobei die Massenkonzentrationen an organischem Kohlenstoff in der aquatischen Umwelt typischerweise im Bereich von 0,5 bis 100 mg/L liegen [62]. Von besonderer Bedeutung sind hier die sogenannten Huminstoffe (HS, „*humics*"), bei denen es sich um biogene organische Substanzen handelt, die refraktär, höhermolekular, polydispers und polyfunktional sind. Je nach ihrer Löslichkeit bei verschiedenen pH-Werten unterscheidet man Fulvinsäuren (FA; löslich im Sauren und im Alkalischen) und Huminsäuren (HA; löslich nur im Alkalischen).

Die Anwesenheit von NOM in aquatischen Systemen spielt zum einen eine wichtige Rolle in der Wasseraufbereitungstechnologie (zum Beispiel Beeinflussung von Flockung und Aktivkohle- sowie Membranfiltration; Bildung unerwünschter Nebenprodukte bei der Desinfektion; Begünstigung der (Wieder-) Verkeimung durch bioverwertbare Anteile). Zum anderen ist NOM eine wichtige Komponente im globalen Kohlenstoffkreislauf und sie ist gekoppelt mit dem Umweltverhalten zahlreicher anorganischer und organischer Wasserinhaltsstoffe (ausgeprägte Eigenschaft als Elektronendonator und Komplexbildner; Beeinflussung der Mobilität, Bioverfügbarkeit und Toxizität von Stoffen). Der Einfluss von NOM auf ENP in wässrigen Systemen ist somit von großem ökologischem und technologischem Interesse. Es ist bekannt, dass organische Moleküle die Stabilität der ENP-Verteilung in wässrigen Systemen beeinflussen; in der Regel führt die Anwesenheit von Polyelektrolyten zu einer Erhöhung dieser Stabilität. Allerdings spielt die Qualität der organischen Substanz sowie der gelösten anorganischen Salze (Kationentyp, Wertigkeit) eine entscheidende Rolle. Die detaillierte Aufklärung der Interaktionen zwischen ENP und NOM steht daher derzeit im wissenschaftlichen Fokus, um natürliche und technische Systeme besser zu verstehen und gestalten zu können. Treffen ENP und NOM in wässrigen Systemen aufeinander, kann es zu einer Anlagerung der organischen Moleküle an die Partikeloberfläche kommen (*coating*); dabei können auch ursprünglich sorbierte Moleküle verdrängt werden. Aus der Sorption von HA ergeben sich in der Regel dickere *coating*-Schichten als für FA. Diese Anlagerung von FA und HA kann zu einer elektrostatischen und/oder sterischen Stabilisierung der suspendierten ENP führen. Eine Konsequenz daraus ist, dass dann ENP selbst bei höheren Ionenstärken noch dispergiert vorliegen. Daraus resultiert in der Regel eine erhöhte Mobilität der Partikel, auch in porösen Medien (Bodensysteme, Filter). In diesem Zusammenhang ist es erwähnenswert, dass sich NOM selbst auch an die Feststoffmatrices anlagert und so den Rückhalt von Partikeln und gelösten Wasserinhaltsstoffen beeinflusst. In zahlreichen Fällen konnte auch beobachtet werden, dass die Anwesenheit von HA ebenso zu einer Vernetzung und damit zu einer Aggregation der ENP führt (Vernetzung mit gleich-artigen Partikeln sowie mit anderen Partikeln: Homoaggregation beziehungsweise Heteroaggregation). Gründe hierfür sind elektrostatische Wechselwirkungen, Interaktionen mit an den Partikeln adsorbierten Molekülen sowie Komplexierungs-reaktionen mit mehrwertigen Kationen (Brückenbindung, *bridging*), insbesondere mit Ca^{2+} (siehe 4.1) [61].

Die Sorption von NOM an ENP kann sich empfindlich auf das Auflösungsverhalten der ENP und damit auf die Stofffreisetzung aus den ENP auswirken. Für zahlreiche ENP konnte daher in Anwesenheit von NOM eine signifikante Verminderung ihrer Toxizität beobachtet werden. Allerdings zeigen Studien auch, dass die Anwesenheit von NOM die Bioverfügbarkeit von ENP wie zum Beispiel ihre Aufnahme in Biofilme erhöhen kann [63].

4.5 Bemerkungen zu Modellen und zu Experimenten zum Umweltverhalten von ENP

Wir sehen, dass die betrachteten Systeme höchst komplex sind. Um hier Licht ins Dunkel zu bringen, empfehlen sich zunächst Studien und Ansätze mit einfachen Modellsystemen. Die Komplexität kann dann sukzessive erhöht werden und Schlüsselfaktoren auf diese Weise identifiziert werden. Es gibt eine Reihe sehr vielversprechender mathematischer und experimenteller Ansätze, um das Umweltverhalten von ENP besser zu verstehen.

Basierend auf klassischen Säulenexperimenten zum Transportverhalten von Kolloiden durch poröse Medien [9] kommt es zur Renaissance solcher Experimente mit ENP [64–66]. Natürlich muss kritisch bemerkt werden, dass eine bloße Variation dieser Experimente, bei der Kolloide einfach durch Nanopartikel ersetzt werden, nur begrenzt weiterführende Erkenntnisse liefern. Vielmehr müssen erweiterte Konzepte und Experimente im Vordergrund stehen, bei denen etwa die Rolle der NOM oder der Oberflächenfunktionalisierung im Detail betrachtet werden, auch unter Einsatz neuer analytischer Methoden (zum Beispiel Magnetresonanztomographie zur *in-situ*-Untersuchung von eisenhaltigen Nanopartikeln in porösen Medien).

In sehr vielversprechenden Arbeiten wurde die Freisetzung von Silber- und TiO_2-Nanopartikeln aus Modell-Häuserfassaden untersucht [67, 68]. Die Kombination von selektiver Detektion dieser ENP und Massenbilanzen erlaubte eine Abschätzung, wie viele Partikel tatsächlich freigesetzt werden. Das ist ein wichtiger Schritt hin zu einem besseren Verständnis und einer realistischen Beurteilung der Auswirkungen von ENP in der Umwelt. In weiteren Untersuchungen ging dieselbe Arbeitsgruppe dem Verhalten von Silber-Nanopartikeln in Kläranlagen nach (Pilot-Maßstab und reale Kläranlage) [69–71]. Dies ist angesichts des breiten Einsatzes von Silber-Nanopartikeln und ihres wahrscheinlichen Eintrags über Abwässer von großer Relevanz [72]; Silber-Nanopartikel stehen auf Grund ihrer antibakteriellen Eigenschaften im Verdacht, sich ungünstig auf die Leistungsfähigkeit von Kläranlagen auszuwirken. In den Arbeiten [69–71] konnte gezeigt werden, dass die Silber-Nanopartikel in den untersuchten Systemen chemischen Umwandlungsprozessen unterliegen, wobei schwerlösliches Ag_2S gebildet wird. Die Autoren kamen zu den Schlussfolgerungen, dass eine Hemmung der Nitrifikationsleistung auch unter realitätsnahen *worst-case*-Bedingungen nicht zu erwarten ist und dass die Elimination von Silber-Nanopartikeln in Kläranlagen über 95 % beträgt (Schlamm als Senke).

Obwohl diese Untersuchungen erste Schritte darstellen, zeigen die Ergebnisse deutlich die Notwendigkeit realitätsnaher Ansätze, die auch der Validierung von mathematischen Modellen dienen. Mathematische *life-cycle*-Modelle zum Vorkommen von ENP in der Umwelt erlauben Abschätzungen über den Verbleib und Umweltkonzentrationen von ENP [21, 73–77]. Im Fall von Silber-Nanopartikeln ergeben Modellrechnungen beispielsweise Konzentrationen im unteren ng/L-Bereich für Oberflächengewässer und im µg/kg-Bereich für Klärschlamm [21]. Die Modelle und deren Validierung leiden allerdings noch am Mangel an Daten zur Produktion von ENP [78] und an realen Umweltdaten; ein Grund dafür sind unter anderem die geringen Konzentrationen von ENP in der Umwelt (siehe Kap. 5).

Analytische Methoden zur Charakterisierung und Quantifizierung von Nanopartikeln

5

Aus den bisherigen Ausführungen lässt sich das Problem erkennen, dass wir kaum Daten zu Vorkommen und Konzentration von ENP in der Umwelt besitzen. Daher wird immer wieder auf die Notwendigkeit aufmerksam gemacht, leistungsfähige Messverfahren und analytische Methoden (weiter) zu entwickeln, um ENP in der Umwelt zu erfassen und um bestehende Modelle zu validieren. Wenn wir das Werner von Siemens zugeschriebene Zitat *„Messen ist Wissen"* berücksichtigen, dann fehlt noch immer eine solide Datengrundlage, um mit verlässlichen Messwerten zur derzeitigen Debatte über ENP in der Umwelt beizutragen. Ohne diese Datengrundlage und ohne geeignete analytische Methoden zu ihrer Erhebung ist es nur schwer möglich, zielführende Antworten auf die Fragen zu finden, ob Nanotechnologie nun der *next bang* ist oder ob wir alle nur *viel Lärm um nichts* machen.

Die EU-Kommission merkt in diesem Zusammenhang an [18]:

„Größe und Größenverteilungen in Nanomaterialien sind oft schwer zu messen, und die Ergebnisse unterschiedlicher Messverfahren sind unter Umständen nicht miteinander vergleichbar. Es müssen harmonisierte Messverfahren entwickelt werden, um sicherzustellen, dass die Anwendung der Definition im Zeitverlauf und für alle Materialien zu kohärenten Ergebnissen führt. Solange keine harmonisierten Messverfahren vorliegen, sollten die besten verfügbaren alternativen Verfahren angewendet werden."

Es kann festgestellt werden, dass wir interessanterweise in den letzten zwei Jahrhunderten immer wieder mit unterschiedlichsten Stoffen konfrontiert wurden, die sich auf die Wasserqualität auswirken – und diese Stoffe können wir mit großer Empfindlichkeit quantifizieren. So gibt es beispielsweise belastbare Daten zu Vor-

© Springer Fachmedien Wiesbaden 2015
M. Delay, *Nanopartikel in aquatischen Systemen,* essentials,
DOI 10.1007/978-3-658-08731-9_5

kommen und Konzentrationen von Schwermetallen (etwa Blei, Cadmium und Quecksilber) sowie organischen Spurenstoffen (etwa hormonell wirksame Substanzen und Arzneimittelrückstände) in Umweltsystemen, um nur einige zu nennen. Bei synthetischen und sogar bei natürlichen Nanopartikeln sieht es hingegen gänzlich anders aus.

Dies kann prinzipiell nicht auf einen Mangel an leistungsfähigen analytischen Instrumenten zurückgeführt werden. Es gibt eine ganze Suite von hochempfindlichen Messinstrumenten, um Nanopartikel zu detektieren und zu charakterisieren (siehe Überblicke in [79–83]). Gerätschaften zur Messung von hydrodynamischen Partikeldurchmessern und Partikelgrößenverteilungen (mittels dynamischer Lichtstreuung, DLS) sowie des Zeta-Potenzials (wichtig zur Beurteilung der Partikelstabilität, siehe Kap. 4) sind in vielen Laboratorien vertreten.

Vielmehr fehlt es noch an geeigneten (und standardisierten) analytischen Methoden. Als Hauptschwierigkeiten im Hinblick auf die Untersuchung von NP in Umweltproben können genannt werden:

- Geringe Konzentrationen, vor allem für ENP,
- hohe Konzentration der Matrix,
- Schwierigkeiten und Artefakte bei der Probengewinnung, Probenvorbereitung und Probenstabilität,
- polydisperse Proben,
- Mangel an Referenz- und Standard-Materialien für Kalibrierung und Validierung.

In Tab. 5.1 sind einige analytische Methoden dargestellt, um Nanopartikel in wässrigen Proben zu charakterisieren.

Die Kombination von Elektronenmikroskopie (Transmissions- Elektronenmikroskopie, TEM; Raster-Elektronenmikroskopie, REM) mit Energie-dispersiver Röntgen-Spektroskopie stellt eine vielversprechende Methode dar, um Informationen zur chemischen Zusammensetzung sowie zur Partikelgrößenverteilung und Struktur von NP in wässrigen Proben zu gewinnen. Allerdings können hier die Probenvorbereitung und die Messung zu Artefakten führen (Agglomeration, Umsetzung und/oder Neubildung von Partikeln).

Analytische Kopplungstechniken stellen hier leistungsfähige Ansätze dar, um den aufgeführten Schwierigkeiten zu begegnen [87]. So können die wässrigen Proben meist direkt und ohne aufwändige Vorbereitungsschritte untersucht werden. Das den Kopplungstechniken zu Grunde liegende Prinzip stellt die Verbindung von analytischen Trennmethoden (etwa Asymmetrische Fluss-Feld-Fluss-Fraktionierung, AF4; chromatographische Verfahren) und spezifischen, hochempfindlichen

Tab. 5.1 Ausgewählte analytische Methoden zur Charakterisierung von Nanopartikeln in wässrigen Proben (nach [1, 84])

Mess-Parameter	Analytische Methode	Direkte Anwendbarkeit für wässrige Proben
Hydrodynamischer Radius, Gyrations-Radius[a], Partikelgrößenverteilung, Partikelkonzentration	Dynamische Lichtstreuung (DLS), Mehrwinkel-Laserlichtstreuung (*multi-angle laser light scattering*, MALLS), Laser-induzierte Breakdown Detektion (LIBD)	Ja
	Asymmetrische Fluss-Feld-Fluss-Fraktionierung (AF4) gekoppelt mit unterschiedlichen Detektoren (zum Beispiel DLS, MALLS)	Ja
Elektrophoretische Mobilität, Zeta-Potenzial	Laser-Doppler-Elektrophorese	Ja
Chemische Zusammensetzung, Element-Speziierung	Massenspektrometrie mit induktiv gekoppeltem Plasma (ICP-MS)	Ja
	Röntgen-Absorptionsspektroskopie	Ja
Partikelgrößenverteilung und chemische Zusammensetzung	Raster-Elektronenmikroskopie (REM) oder Transmissions-Elektronenmikroskopie (TEM) in Kombination mit Energie-dispersiver Röntgen-Spektroskopie	Bedingt
	AF4 gekoppelt mit ICP-MS	Ja

[a] Gyrations-Radius: auch Trägheits-Radius, Details in [85, 86]

Detektoren (etwa Massenspektrometrie mit induktiv gekoppeltem Plasma, ICP-MS; Dynamische Lichtstreuung, DLS; Mehrwinkel-Laserlichtstreuung, *multi-angle laser light scattering*, MALLS) dar. Insbesondere die Kopplung von AF4 mit MALLS und ICP-MS ist geeignet, um für eine wässrige Suspension simultan Informationen über die Partikelgröße und die chemische Zusammensetzung zu erhalten. Bei der AF4 handelt es sich um eine membranbasierte Trennmethode, bei der die Partikel in einem Kanal auf Grund ihres hydrodynamischen Durchmessers fraktioniert werden; ein großer Teil der störenden Matrix wird abgetrennt (stark vereinfacht, Details in [88]). Sie hat sich in den letzten Jahrzehnten bei der Untersuchung von wässrigen Suspensionen speziell im Umweltbereich und in der Pharmaindustrie etabliert.

Besonders für polydisperse Proben ist die AF4 gut geeignet, da aus der Trennung Partikelfraktionen resultieren, die entweder direkt *online* im Kanalauslauf detektiert und charakterisiert werden oder die *offline* weiter untersucht werden können.

Freilich finden diese Kopplungsmethoden ihre Grenzen durch die mögliche Wechselwirkung zwischen Analyten (hier: den NP) und den Trenneinheiten. Im Fall der AF4 haben eigene Untersuchungen ergeben, dass Silber-Nanopartikel zum Teil stark mit der Trennmembran wechselwirken [61, 89]. Bedingt durch die Verschiedenartigkeit der Nanopartikel müssen bei der Methodenentwicklung unterschiedliche Kombinationen von Membranmaterial und Fließmittel getestet werden, um eine optimale Auftrennung und Wiederfindung der Nanopartikel zu erreichen. Letztendlich stellt die AF4 aber eine geeignete Methode für weitere zukünftige Untersuchungen von anorganischen und organischen Nanopartikeln in wässrigen Systemen dar. Für eine umfassende Charakterisierung von Nanopartikeln sind allerdings multidimensionale Ansätze notwendig, bei denen unterschiedliche, voneinander unabhängige analytische Methoden eingesetzt werden.

Eine weitere analytische Herausforderung besteht darin, natürliche von synthetischen Nanopartikeln in Umweltproben zu unterscheiden. Dabei kann die Bestimmung von Isotopen-Verhältnissen ein erfolgversprechender Weg sein, um die Herkunft der Nanopartikel zu klären.

Nutzen und Risiken von Nanopartikeln 6

Wie in Kap. 3 angedeutet, birgt der Einsatz von ENP zweifelsohne große Potenziale für nachhaltige Lösungen, die technische und industrielle Systeme, Umweltsysteme sowie unser tägliches Leben betreffen. *Nachhaltig* ist dabei mehr als nur eine Floskel. Es muss insbesondere bedacht werden, dass die gesellschaftliche Akzeptanz und der Erfolg von nanotechnologischen Produkten wohl stark davon abhängen werden, wie transparent und ehrlich die vermeintlichen Interessengruppen (etwa Industrie, Verbraucher- und Umweltschutzverbände, Forschungseinrichtungen) miteinander kommunizieren.

> Es ist in den vorangehenden Kapiteln hoffentlich klar geworden, dass Nanopartikel schon *per definitionem* Gemeinsamkeiten aufweisen, dass sie sich aber voneinander im Hinblick auf ihre physikalisch-chemischen Eigenschaften fundamental unterscheiden. Es ist also irreführend, etwa anhand von Einzelstudien, zu Schlussfolgerungen zu kommen wie *„Nanopartikel sind …".* Nanopartikel gleichen hier Kindern, die trotz gleicher Größe oder gleicher Haarfarbe doch so verschieden sein können.

Wie bereits bemerkt, gilt es schon sprachlich genau zu differenzieren. Wird von *Nanopartikeln* gesprochen, beinhaltet dies auch natürliche Nanopartikel. Und es gibt viele Hinweise, dass diese essentiell für lokale und globale Stoffkreisläufe sind; sie beeinflussen zum Beispiel maßgeblich den Transport und die Verfügbarkeit von Nährstoffen [2].

© Springer Fachmedien Wiesbaden 2015
M. Delay, *Nanopartikel in aquatischen Systemen,* essentials,
DOI 10.1007/978-3-658-08731-9_6

Bei den derzeitigen Diskussionen geht es hauptsächlich um die Rolle der ENP und ihre Auswirkungen auf Mensch und Umwelt. Selbstverständlich sind hier kritische und zielführende Fragen berechtigt.

Zwei gedankliche Aufhänger zur Abwägung von Nutzen und Risiken können die Anwendung von Silber-Nanopartikeln in Textilien und von ZnO/TiO_2-Nano-partikeln in Sonnenschutzmitteln sein.

Unbestritten ergeben sich im Fall von Silber-Nanopartikeln in Textilien hygienische und praktische Vorteile, insbesondere beim professionellen und schweißtreibenden Einsatz (Sportler, Bergsteiger). Angesichts des teilweise schnellen Funktionsverlustes beim Wäschewaschen (Austrag der Partikel) und angesichts noch ungeklärter Fragen in Bezug auf die Auswirkungen auf die Haut muss insbesondere der „Normalverbraucher" entscheiden, ob hier *nano* für ihn Sinn macht.

Im Fall des Einsatzes von ZnO/TiO_2-Nanopartikeln zum UV-Schutz in Sonnenschutzmitteln deuten Studien darauf hin, dass deren Aufnahme über die (gesunde) menschliche Haut unwahrscheinlich ist, da diese eine wirksame Barriere darstellt [90, 91]. Das hier zu betrachtende Alternativrisiko des möglichen Hautkrebses bei Verzicht auf wirksamen Sonnenschutz mag der Verbraucher ebenfalls selbst beurteilen.

Allgemein lässt sich sagen, dass die Bewertung von ENP besonders für den Verbraucher schwierig ist, wenn die Debatten weiterhin so polar geführt werden und Informationen interessengesteuert sind oder einfach aus Berichten übernommen werden. *nano* ist auch Bildungsauftrag!

Schon zu Beginn der nanotechnologischen Aktivitäten gab es klare Hinweise, dass von einigen synthetischen Nanopartikeln schädliche Auswirkungen auf Umweltsysteme und die menschliche Gesundheit ausgehen könnten. Die Anzahl an entsprechenden wissenschaftlichen Forschungs- und Übersichtsartikeln ist nahezu unüberschaubar. Entsprechend groß ist auch die Bandbreite an untersuchten Nanopartikeln und Zielorganismen. Einige empfehlenswerte Übersichtsartikel sind [92–96]. Einen Überblick von Testmethoden geben [97–99], wobei auch Wissenslücken und zukünftige Herausforderungen kritisch diskutiert werden. Meier [11] setzt sich allgemein verständlich und kritisch mit der Frage der Untersuchungs- und Publikationspraxis speziell zur Toxizität von Nanopartikeln auseinander.

Die Forschung in diesem Bereich ist trotz der großen Anzahl an Veröffentlichungen immer noch lückenhaft und angesichts der Bandbreite unterschiedlicher Nanopartikel weit davon entfernt, umfassende und zuverlässige Aussagen und Abschätzungen zur Toxizität von synthetischen Nanopartikeln zu erlauben. Die Untersuchungen müssen neben Dosis-Wirkungs-Zusammenhängen auch die Aspekte akute und chronische Toxizität, Unterschiede in Partikelgröße, *core*-Chemie und Oberflächenfunktionalisierung sowie mögliche Alterung der Nanopartikel berücksichtigen.

Viele Veröffentlichungen auf diesem Gebiet müssen äußerst vorsichtig gesehen werden. Es verwundert nicht, dass einige Organismen eine akute Toxizität bei NP-Konzentrationen von mehr als 100 mg/L unter Testbedingungen zeigen. In diesem Zusammenhang ist kritisch hervorzuheben, dass die meisten Toxizitätsuntersuchungen natürliche Nanopartikel – etwa als Referenz – nicht in Betracht ziehen. Häufig werden auch keine Dosis-Wirkungs-Kurven erstellt. Untersuchungen von Multikomponenten-Systemen und chronischen Effekten bei niedrigen ENP-Konzentrationen stellen weitere Herausforderungen dar.

Für *Daphnia magna* konnte herausarbeitet werden, dass sich die Expositionszeit (in Gegenwart von TiO_2-Nanopartikeln) klar auf deren Mortalität auswirkt [100]. Dies zeigt, dass klassische Kurzzeit-Tests zu einer falschen Einschätzung der Risiken führen können.

Römer et al. [101] merken kritisch an, dass sich auch das Test-Medium signifikant auf die Test-Ergebnisse auswirken kann, da es auf Grund der hohen Ionenstärke zu einer Agglomeration der zu untersuchenden Nanopartikel und damit zu einer Beeinflussung ihrer Toxizität kommen kann. Zusätze von organischer Substanz können die Partikeleigenschaften zusätzlich verändern (vergleiche Kap. 4).

Bezüglich freier Nanopartikel in der Luft scheinen auch aus der Vergangenheit (Stichwort *Asbest*) einige sichere Befunde zur Toxizität von Nanopartikeln ableitbar und übertragbar zu sein. Die Quintessenz lautet, dass besonders biopersistente (also schlecht lösliche) und fadenförmige Nanopartikel gefährlich sind. Sind sie alveolengängig, können sie in der Lunge von den Makrophagen nicht eliminiert werden und führen zu Entzündungen, im schlimmsten Fall zu Tumoren.

Diese Beispiele zeigen nicht nur die Notwendigkeit für weitere systematische Forschung auf diesem Gebiet auf, sondern auch für den Einsatz von Standard-Test-Materialien als gemeinsames Fundament zur Vergleichbarkeit von Daten und abgeleiteten Befunden.

Zudem ist bei Aussagen zu Risiken von ENP auch der Expositionspfad (etwa Luft, Wasser) zu berücksichtigen. Dabei muss insbesondere der Risikobegriff bedacht werden, der die Gefahr (hier: Toxizität) und die Exposition (hier: Vorkommen und Konzentrationen von ENP) mit einschließt. Nach obigen Ausführungen bezüglich der Kenntnislücken zu Toxizität und Vorkommen von ENP wird klar, warum man sich mit Aussagen über Risiken von ENP noch schwertut.

Ein weiteres Streitthema angesichts der Vielgestaltigkeit von ENP und ihrer komplexen Umwandlungen in der Umwelt [59, 102] stellen die Chemikalienverordnung REACH (*Registration, Evaluation, Authorization, and Restriction of*

Chemicals) sowie die europäische CLP-Verordnung (*Regulation on Classification, Labelling and Packaging of Substances and Mixtures*) dar [103, 104]. Von einigen Wissenschaftlern wird insbesondere eine Ertüchtigung gefordert, die die angedeuteten Besonderheiten nanopartikulärer Materie im Vergleich zu den entsprechenden Feststoffen berücksichtigt [105, 106].

Zur weiteren Lektüre, auch im Hinblick auf die Regulierungen und den nano-Dialog, seien [107] und [108] empfohlen.

Ausblick – Wohin die Reise geht 7

Hoffentlich sprechen Sie jetzt nach der Lektüre nicht mit Faust: *„Da steh ich nun, ich armer Tor, und bin so klug, als wie zuvor. "*

Selbstverständlich konnte hier nur ein kurzer Überblick gegeben werden, eine Einführung eben. Deshalb sei nochmals auf die ausführliche Literaturliste hingewiesen, die auch zahlreiche in Bibliotheken zugängliche Buchveröffentlichungen beinhaltet.

Angesichts der in den vorhergehenden Kapiteln aufgezeigten Zusammenhänge ergeben sich für die Zukunft herausfordernde Aufgabenfelder in der Weiterentwicklung und Problembewältigung von instrumentell-analytischen Methoden, um Nanopartikel (besonders ENP) in der Umwelt zu quantifizieren. Weiterentwicklungen und gezielte Anwendungen dieser Methoden werden in den nächsten Jahren dazu beitragen, die bislang äußerst lückenhafte Datenlage zum Vorkommen und Verhalten von ENP in wässrigen Umweltsystemen zu verbessern. Dabei müssen weiterhin Methoden zur Charakterisierung von Nanopartikeln standardisiert und Referenzmaterialien entwickelt werden, um eine gemeinsame solide Bewertungsgrundlage zu haben [14]. Bei der Regulierung ist der Unterschiedlichkeit der Nanomaterialien Rechnung zu tragen.

Besonders herausfordernd ist die weitere systematische Untersuchung, wie sich ENP in der Umwelt verhalten. Neben der Wasserhärte und dem pH-Wert ist dabei die bislang oft vernachlässigte Rolle der NOM angesichts ihrer zunehmenden Konzentration in Oberflächenwässern [109] besonders spannend. Es lässt sich erkennen, dass die Interaktionen zwischen ENP und NOM und die sich daraus ergebenden Konsequenzen äußerst vielschichtig und komplex sind. Aus diesem Grund sind vor allem experimentelle Ansätze vielversprechend und wünschenswert, in

© Springer Fachmedien Wiesbaden 2015
M. Delay, *Nanopartikel in aquatischen Systemen,* essentials,
DOI 10.1007/978-3-658-08731-9_7

denen die NOM-Qualität berücksichtigt wird und in denen untersucht wird, inwieweit sich NOM vereinheitlichend auf unterschiedliche wässrige ENP-Systeme auswirkt. Die gewonnenen Erkenntnisse zur Wechselwirkung von ENP und NOM tragen nicht nur zum besseren Verständnis ihres Verhaltens in der Umwelt bei; sie lassen sich voraussichtlich auch nutzen, um technische Systeme zur Wasseraufbereitung zu optimieren und um die Stabilität nanopartikulärer Systeme in Industrie und Medizin gezielt zu beeinflussen.

Weitere Fragestellungen zu Nanopartikeln in der wässrigen Umwelt dürften sich im Zusammenhang mit den Arbeiten zu Mikroplastik in der Umwelt ergeben, vor allem wenn hier auch an das Vorkommen von Nanoplastik und dessen Wechselwirkungen mit Schadstoffen gedacht wird [110]. Es ist anzunehmen, dass hier ebenfalls viel Forschungsaktivität erforderlich ist, um die diesbezüglichen Stoffflüsse und deren Relevanz seriös zu beurteilen.

Was Sie aus diesem Essential mitnehmen können

- Eine prägnante Einführung in Eigenschaften, Besonderheiten und Bandbreite von Nanopartikeln in wässrigen Systemen.
- Zielführende Begriffsbestimmungen zu Nanopartikeln unter Berücksichtigung der Wissenschaftsgeschichte.
- Ausführliche Informationen zum Verhalten, zu Wechselwirkungen und zur instrumentellen Analytik von Nanopartikeln in aquatischen Systemen.
- Eine Zusammenstellung von aktuellen Anwendungen sowie von Nutzen, Grenzen und Risiken synthetischer Nanopartikel.
- Ein umfangreiches Literaturverzeichnis zur weiterführenden Lektüre und zur eigenen Urteilsbildung.

© Springer Fachmedien Wiesbaden 2015
M. Delay, *Nanopartikel in aquatischen Systemen,* essentials,
DOI 10.1007/978-3-658-08731-9

Literatur

1. Delay, M., & Frimmel, F. (2012). Nanoparticles in aquatic systems. *Analytical and Bioanalytical Chemistry, 402,* 583–592.
2. Buffle, J. (2006). The key role of environmental colloids/nanoparticles for the sustainability of life. *Environmental Chemistry, 3,* 155–158.
3. Steinkopff, J. (1975). *Konzepte der Kolloidchemie: Aussagen aus 5 Jahrzehnten.* Darmstadt: Steinkopff.
4. Wigginton, N. S., Haus, K. L., & Hochella, M. F., Jr. (2007). Aquatic environmental nanoparticles. *Journal of Environmental Monitoring, 9,* 1306–1316.
5. Everett, D. H. (1972). Manual of symbols and terminology for physicochemical quantities and units, appendix II: Definitions, terminology and symbols in colloid and surface chemistry. *Pure and Applied Chemistry, 31,* 578–638.
6. Ostwald, W. (1922). Die Gründung und Erste Hauptversammlung der Kolloid-Gesellschaft. *Kolloid-Zeitschrift, 31,* 225–239.
7. Ostwald, W. (1944). *Die Welt der vernachlässigten Dimensionen: Eine Einführung in die Kolloidchemie; mit besonderer Berücksichtigung ihrer Anwendungen* (12. unveränd. Aufl.). Dresden: Steinkopff.
8. McCarthy, J., & Zachara, J. (1989). *ES&T Features: Subsurface transport of contaminants. Environmental Science and Technology, 23,* 496–502.
9. Frimmel, F. H., Flemming, H.-C., & von der Kammer, F. (Hrsg.). (2007). *Colloidal transport in porous media.* Berlin Heidelberg: Springer-Verlag.
10. Jopp, K. (1993, 5. Februar 1993). Potente Krümel. *DIE ZEIT,* S. 39.
11. Meier, C. J. (2014). *Nano – Wie winzige Technik unser Leben verändert.* Darmstadt: Primus.
12. Schummer, J. (2009). *Nanotechnologie: Spiele mit Grenzen* (1. Aufl., edition unseld, 23). Frankfurt a. M.: Suhrkamp.
13. Herrmann, P., & Schmitt, M. (2012). *Wörterbuch Nanotechnologie: Normgerechte Definitionen mit Übersetzungen Deutsch – Englisch/Englisch – Deutsch.* Berlin, Wien, Zürich: Beuth Verlag GmbH.
14. Gordalla, B. C. (2010) Standardisation. In: F. H. Frimmel & R. Niessner (Hrsg.), *Nanoparticles in the water cycle: Properties, analysis and environmental relevance* (S. 207–232). Berlin Heidelberg: Springer-Verlag.

© Springer Fachmedien Wiesbaden 2015
M. Delay, *Nanopartikel in aquatischen Systemen,* essentials,
DOI 10.1007/978-3-658-08731-9

15. DIN ISO/TS 80004-1. (2012). *Nanotechnologien – Fachwörterverzeichnis – Teil 1: Kernbegriffe (ISO/TS 80004-1:2010)*. Deutsches Institut für Normung e. V. (DIN).

16. DIN CEN ISO/TS27687. (2008). *Nanotechnologien – Terminologie und Begriffe für Nanoobjekte – Nanopartikel, Nanofaser und Nanoplättchen*. Deutsches Institut für Normung e. V. (DIN).

17. DIN ISO/TS 80004-5. (2012). *Nanotechnologien – Fachwörterverzeichnis – Teil 5: Nano-Bio-Interface (ISO/TS 80004-5:2011)*. Deutsches Institut für Normung e. V. (DIN).

18. Europäische Kommission. (2011). Empfehlung der Kommission vom 18. Oktober 2011 zur Definition von Nanomaterialien (Text von Bedeutung für den EWR) (2011/696/EU).

19. Landesanstalt für Umwelt, Messungen und Naturschutz Baden-Württemberg (LUBW). (2007). *Anwendung von Nanopartikeln*. Karlsruhe.

20. Bundesministerium für Bildung und Forschung (BMBF). (2008). *Nanopartikel – kleine Dinge, große Wirkung*. Bonn.

21. Sun, T. Y., Gottschalk, F., Hungerbühler, K., & Nowack, B. (2014). Comprehensive probabilistic modelling of environmental emissions of engineered nanomaterials. *Environmental Pollution, 185,* 69–76.

22. Morones, J. R., Elechiguerra, J. L., Camacho, A., Holt, K., Kouri, J. B., Ramirez, J. T., & Yacaman, M. J. (2005). The bactericidal effect of silver nanoparticles. *Nanotechnology, 16,* 2346–2353.

23. Street, A., Sustich, R., Duncan, J., & Savage, N. (Hrsg.). (2014). *Nanotechnology applications for clean water: Solutions for improving water quality*. (2. Aufl., Micro and nano technologies series). Amsterdam: Elsevier.

24. Prasse, C., & Ternes, T. (2010). Removal of organic and iorganic pollutants and pathogens from wastewater and drinking water using nanoparticles – A review. In: F. H. Frimmel & R. Niessner (Hrsg.), *Nanoparticles in the water cycle: Properties, analysis and environmental relevance* (S. 55–80). Berlin Heidelberg: Springer-Verlag.

25. Joo, S. H., & Cheng, I. F. (Hrsg.). (2006). Nanotechnology for environmental remediation (Modern inorganic chemistry). New York: Springer Science+Business Media, Inc.

26. Fryxell, G. E., & Cao, G. (Hrsg.). (2007). *Environmental applications of nanomaterials: Synthesis, sorbents and sensors*. London: Imperial College Press.

27. Zhang, W.-X. (2003). Nanoscale iron particles for environmental remediation: An overview. *Journal of Nanoparticle Research, 5,* 323–332.

28. Takahashi, Y. (2014). Dye nanoparticle-coated test strips for detection of ppb-level ions in water. In: A. Street, et al. (Hrsg.), *Nanotechnology applications for clean water* (2. Aufl., S. 63–72). Amsterdam: Elsevier.

29. Zodrow, K., Brunet, L., Mahendra, S., Li, D., Zhang, A., Li, Q., & Alvarez, P. J. J. (2009). Polysulfone ultrafiltration membranes impregnated with silver nanoparticles show improved biofouling resistance and virus removal. *Water Research, 43,* 715–723.

30. Pan, B., & Xing, B. (2010). Competitive and complementary adsorption of bisphenol A and 17α-ethinyl estradiol on carbon nanomaterials. *Journal of Agricultural and Food Chemistry, 58,* 8338–8343.

31. Li, Y.-H., Luan, Z., Xiao, X., Zhou, X., Xu, C., Wu, D., & Wei, B. (2003). Removal of Cu^{2+} ions from aqueous solutions by carbon nanotubes. *Adsorption Science and Technology, 21,* 475–485.

32. Zhang, S., Shao, T., Kose, H. S., & Karanfil, T. (2010). Adsorption of aromatic compounds by carbonaceous adsorbents: A comparative study on granular activated carbon,

activated carbon fiber, and carbon nanotubes. *Environmental Science and Technology,* *44,* 6377–6383.

33. Choi, H., Zakersalehi, A., Al-Abed, S. R., Han, C., & Dionysiou, D. D. (2014). Nanostructured titanium oxide film- and membrane-based photocatalysis for water treatment. In: A. Street, et al. (Hrsg.), *Nanotechnology applications for clean water* (2. Aufl., S. 123–132). Amsterdam: Elsevier.

34. Stone, V., Nowack, B., Baun, A., van den Brink, N., von der Kammer, F., Dusinska, M., Handy, R., Hankin, S., Hassellöv, M., Joner, E., & Fernandes, T. F. (2010). Nanomaterials for environmental studies: Classification, reference material issues, and strategies for physico-chemical characterisation. *Science of the Total Environment, 408,* 1745–1754.

35. Hiemenz, P. C., & Rajagopalan, R. (1997). *Principles of colloid and surface chemistry* (3. Aufl.). New York: Dekker.

36. Evans, D. F., & Wennerström, H. (1999). *The colloidal domain: Where physics, chemistry, biology, and technology meet.* Advances in interfacial engineering series (2. Aufl.). New York: Wiley-VCH.

37. Cosgrove, T. (2010). *Colloid science: Principles, methods and applications* (2. Aufl.). Chichester: John Wiley & Sons.

38. Israelachvili, J. N. (2011). *Intermolecular and surface forces* (3. Aufl.). Amsterdam: Elsevier.

39. Hofmann, T. (2004). Kolloide. Die Welt der vernachlässigten Dimensionen. *Chemie in Unserer Zeit, 38,* 24–35.

40. Hofmann, T., Baumann, T., Bundschuh, T., Kammer, F., Leis, A., Schmitt, D., Schäfer, T., Thieme, J., Totsche, K.-U., & Zänker, H. (2003). Aquatische Kolloide I: Eine Übersichtsarbeit zur Definition, zu Systemen und zur Relevanz. *Grundwasser, 8,* 203–212.

41. Brezesinski, G., & Mögel, H.-J. (1993). *Grenzflächen und Kolloide: Physikalisch-chemische Grundlagen.* Heidelberg: Spektrum Akad. Verl.

42. Dörfler, H.-D. (2002). *Grenzflächen und kolloid-disperse Systeme: Physik und Chemie.* Berlin Heidelberg: Springer Verlag.

43. Christian, P., Von der Kammer, F., Baalousha, M., & Hofmann, T. (2008). Nanoparticles: Structure, properties, preparation and behaviour in environmental media. *Ecotoxicology, 17,* 326–343.

44. Auffan, M., Rose, J., Bottero, J.-Y., Lowry, G. V., Jolivet, J.-P., & Wiesner, M. R. (2009). Towards a definition of inorganic nanoparticles from an environmental, health and safety perspective. *Nature Nanotechnology, 4,* 634–641.

45. Vikesland, P. J., Heathcock, A. M., Rebodos, R. L., & Makus, K. E. (2007). Particle size and aggregation effects on magnetite reactivity toward carbon tetrachloride. *Environmental Science and Technology, 41,* 5277–5283.

46. Everett, D. H. (2007). *Basic principles of colloid science* (RSC Paperbacks). Cambridge: Royal Society of Chemistry.

47. Scheffer, F., & Schachtschabel, P. (2010). *Lehrbuch der Bodenkunde* (16. Aufl.). Heidelberg: Spektrum Akademischer Verlag.

48. Crittenden, J. C., Trussell, R. R., Hand, D. W., Howe, K. J., & Tchobanoglous, G. (2012). *MWH's water treatment: Principles and design* (3. Aufl.). Hoboken: John Wiley & Sons.

49. Malescio, G. (2003). Intermolecular potentials – Past, present, future. *Nature Materials, 2,* 501–503.

50. Hunter, R. J. (1988). *Zeta potential in colloid science: Principles and applications.* London: Academic Press.

51. Hochella, M. F., Jr., Lower, S. K., Maurice, P. A., Penn, R. L., Sahai, N., Sparks, D. L., & Twining, B. S. (2008). Nanominerals, mineral nanoparticles, and earth systems. *Science, 319,* 1631–1635.

52. Hochella, M. F., Jr. (2002). Nanoscience and technology: The next revolution in the Earth sciences. *Earth and Planetary Science Letters, 203,* 593–605.

53. Navrotsky, A., Mazeina, L., & Majzlan, J. (2008). Size-driven structural and thermodynamic complexity in iron oxides. *Science, 319,* 1635–1638.

54. Weber, F.-A., Voegelin, A., Kaegi, R., & Kretzschmar, R. (2009). Contaminant mobilization by metallic copper and metal sulphide colloids in flooded soil. *Nature Geoscience, 2,* 267–271.

55. Baalousha, M., Lead, J. R., von der Kammer, F., & Hofmann, T. (2009). Natural colloids and nanoparticles in aquatic and terrestrial environments. In: JR Lead & E Smith (Hrsg.), *Environmental and human health impacts of nanotechnology* (S. 109–161). Chichester: John Wiley & Sons.

56. Lead, J. R., & Wilkinson, K. J. (2006). Aquatic colloids and nanoparticles: Current knowledge and future trends. *Environmental Chemistry, 3,* 159–171.

57. Nowack, B., & Bucheli, T. D. (2007). Occurrence, behavior and effects of nanoparticles in the environment. *Environmental Pollution, 150,* 5–22.

58. Alvarez, P. J. J., Colvin, V., Lead, J., & Stone, V. (2009). Research priorities to advance eco-responsible nanotechnology. *ACS Nano, 3,* 1616–1619.

59. Lowry, G. V., Gregory, K. B., Apte, S. C., & Lead, J. R. (2012). Transformations of nanomaterials in the environment. *Environmental Science and Technology, 46,* 6893–6899.

60. Hwang, Y. S., & Li, Q. (2010). Characterizing photochemical transformation of aqueous nC_{60} under environmentally relevant conditions. *Environmental Science and Technology, 44,* 3008–3013.

61. Delay, M., Dolt, T., Woellhaf, A., Sembritzki, R., & Frimmel, F. H. (2011). Interactions and stability of silver nanoparticles in the aqueous phase: Influence of natural organic matter (NOM) and ionic strength. *Journal of Chromatography A, 1218,* 4206–4212.

62. Frimmel, F. H., Abbt-Braun, G., Heumann, K. G., Hock, B., Lüdemann, H.-D., & Spiteller, M. (Hrsg.). (2002). *Refractory organic substances in the environment.* Weinheim: Wiley-VCH Verlag GmbH.

63. Fabrega, J., Renshaw, J. C., & Lead, J. R. (2009). Interactions of silver nanoparticles with *Pseudomonas putida* biofilms. *Environmental Science and Technology, 43,* 9004–9009.

64. Chen, G., Liu, X., & Su, C. (2011). Transport and retention of TiO_2 rutile nanoparticles in saturated porous media under low-ionic-strength conditions: Measurements and mechanisms. *Langmuir, 27,* 5393–5402.

65. Solovitch, N., Labille, J., Rose, J., Chaurand, P., Borschneck, D., Wiesner, M. R., & Bottero, J.-Y. (2010). Concurrent aggregation and deposition of TiO_2 nanoparticles in a sandy porous media. *Environmental Science and Technology, 44,* 4897–4902.

66. Ben-Moshe, T., Dror, I., & Berkowitz, B. (2010). Transport of metal oxide nanoparticles in saturated porous media. *Chemosphere, 81,* 387–393.

67. Kaegi, R., Ulrich, A., Sinnet, B., Vonbank, R., Wichser, A., Zuleeg, S., Simmler, H., Brunner, S., Vonmont, H., Burkhardt, M., & Boller, M. (2008). Synthetic TiO_2 nanoparticle emission from exterior facades into the aquatic environment. *Environmental Pollution, 156,* 233–239.

68. Kaegi, R., Sinnet, B., Zuleeg, S., Hagendorfer, H., Mueller, E., Vonbank, R., Boller, M., & Burkhardt, M. (2010). Release of silver nanoparticles from outdoor facades. *Environmental Pollution, 158,* 2900–2905.

69. Kaegi, R., Voegelin, A., Sinnet, B., Zuleeg, S., Hagendorfer, H., Burkhardt, M., & Siegrist, H. (2011). Behavior of metallic silver nanoparticles in a pilot wastewater treatment plant. *Environmental Science and Technology, 45,* 3902–3908.

70. Kaegi, R., Voegelin, A., Ort, C., Sinnet, B., Thalmann, B., Krismer, J., Hagendorfer, H., Elumelu, M., & Mueller, E. (2013). Fate and transformation of silver nanoparticles in urban wastewater systems. *Water Research, 47,* 3866–3877.

71. Burkhardt, M., Zuleeg, S., Kägi, R., Sinnet, B., Eugster, J., Boller, M., & Siegrist, H. (2010). Verhalten von Nanosilber in Kläranlagen und dessen Einfluss auf die Nitrifikationsleistung in Belebtschlamm. *Umweltwissenschaften und Schadstoff-Forschung, 22,* 529–540.

72. Benn, T. M., & Westerhoff, P. (2008). Nanoparticle silver released into water from commercially available sock fabrics. *Environmental Science and Technology, 42,* 4133–4139.

73. Mueller, N. C., & Nowack, B. (2008). Exposure modeling of engineered nanoparticles in the environment. *Environmental Science and Technology, 42,* 4447–4453.

74. Gottschalk, F., Sonderer, T., Scholz, R. W., & Nowack, B. (2009). Modeled environmental concentrations of engineered nanomaterials (TiO$_2$, ZnO, Ag, CNT, fullerenes) for different regions. *Environmental Science and Technology, 43,* 9216–9222.

75. Gottschalk, F., & Nowack, B. (2011). The release of engineered nanomaterials to the environment. *Journal of Environmental Monitoring, 13,* 1145–1155.

76. Clark, K., van Tongeren, M., Christensen, F., Brouwer, D., Nowack, B., Gottschalk, F., Micheletti, C., Schmid, K., Gerritsen, R., Aitken, R., Vaquero, C., Gkanis, V., Housiadas, C., de Ipiña, J., & Riediker, M. (2012). Limitations and information needs for engineered nanomaterial-specific exposure estimation and scenarios: Recommendations for improved reporting practices. *Journal of Nanoparticle Research, 14,* 1–14.

77. Gottschalk, F., Sun, T., & Nowack, B. (2013). Environmental concentrations of engineered nanomaterials: Review of modeling and analytical studies. *Environmental Pollution, 181,* 287–300.

78. Wiesner, M. R., Lowry, G. V., Jones, K. L., Hochella, M. F. J., Di Giulio, R. T., Casman, E., & Bernhardt, E. S. (2009). Decreasing uncertainties in assessing environmental exposure, risk, and ecological implications of nanomaterials. *Environmental Science and Technology, 43,* 6458–6462.

79. Frimmel, F. H., & Niessner, R. (Hrsg.). (2010). *Nanoparticles in the water cycle.* Berlin Heidelberg: Springer-Verlag.

80. Lead, J. R., & Smith, E. (Hrsg.). (2009). *Environmental and human health impacts of nanotechnology* (S. 435). Chichester: John Wiley & Sons.

81. Wilkinson, K. J., & Lead, J. R. (Hrsg.). (2007). Environmental colloids and particles: Behaviour, separation and characterisation. IUPAC series on analytical and physical chemistry of environmental systems (Bd. 10). Hoboken: John Wiley & Sons.

82. Farré, M., Barceló, D., Barceló, D., & Farré, M. (2012). *Introduction to the analysis and risk of nanomaterials in environmental and food samples.* Comprehensive analytical chemistry (Bd. 59).

83. Barth, H. G. (1984). *Modern methods of particle size analysis*. Chemical analysis (Bd. 73). New York: Wiley.

84. Frimmel, F. H., & Delay, M. (2010). Introducing the „Nano-world". In: F. H. Frimmel & R. Niessner (Hrsg.), *Nanoparticles in the water cycle: Properties, analysis and environmental relevance* (S. 1–12). Berlin Heidelberg: Springer-Verlag.

85. Chu, B. (2007). *Laser light scattering: Basic principles and practice* (2. Aufl.). Mineola: Dover Publications.

86. Wiese, H. (1992). Lichtstreuung und Teilchengrößenmessung – 2. Statische Lichtstreuung. *GIT Labor-Fachzeitschrift, 7,* 762.

87. Delay, M., Espinoza, L. A. T., Metreveli, G., & Frimmel, F. H. (2010). *Coupling techniques to quantify nanoparticles and to characterize their interactions with water constituents*. In: F. H. Frimmel & R. Niessner (Hrsg.), *Nanoparticles in the water cycle: Properties, analysis and environmental relevance* (S. 139–164). Berlin Heidelberg: Springer-Verlag.

88. Schimpf, M., Caldwell, K., & Giddings, J. C. (2000). *Field-flow fractionation handbook*. New York: John Wiley & Sons.

89. Cumberland, S. A., & Lead, J. R. (2009). Particle size distributions of silver nanoparticles at environmentally relevant conditions. *Journal of Chromatography A, 1216,* 9099–9105.

90. Möller, M., Hermann, A., Groß, R., Diesner, M.-O., Küppers, P., Luther, W., Malanowski, N., Haus, D., & Zweck, A. (2013). *Nanomaterialien: Auswirkungen auf Umwelt und Gesundheit* (TA-Swiss; 60/2013). Zürich: vdf Hochschulverlag.

91. Landesanstalt für Umwelt, Messungen und Naturschutz Baden-Württemberg (LUBW). (2010). *Nanomaterialien: Toxikologie/Ökotoxikologie*. Karlsruhe.

92. Apte, S. C., Rogers, N. J., & Batley, G. E. (2009). Ecotoxicology of manufactured nanoparticles. In: J. R. Lead & E. Smith (Hrsg.), *Environmental and human health impacts of nanotechnology* (S. 267–305). Chichester: John Wiley & Sons.

93. Fent, K. (2010). Ecotoxicology of engineered nanoparticles. In: F. H. Frimmel & R. Niessner (Hrsg.), *Nanoparticles in the water cycle: Properties, analysis and environmental relevance* (S. 183–206). Berlin Heidelberg: Springer-Verlag.

94. Farré, M., Gajda-Schrantz, K., Kantiani, L., & Barceló, D. (2009). Ecotoxicity and analysis of nanomaterials in the aquatic environment. *Analytical and Bioanalytical Chemistry, 393,* 81–95.

95. Kahru, A., & Dubourguier, H.-C. (2010). From ecotoxicology to nanoecotoxicology. *Toxicology, 269,* 105–119.

96. Garner, K. L., & Keller, A. A. (2014). Emerging patterns for engineered nanomaterials in the environment: A review of fate and toxicity studies. *Journal of Nanoparticle Research, 16,* 28.

97. Crane, M., Handy, R., Garrod, J., & Owen, R. (2008). Ecotoxicity test methods and environmental hazard assessment for engineered nanoparticles. *Ecotoxicology, 17,* 421–437.

98. Handy, R., Owen, R., & Valsami-Jones, E. (2008). The ecotoxicology of nanoparticles and nanomaterials: Current status, knowledge gaps, challenges, and future needs. *Ecotoxicology, 17,* 315–325.

99. Dhawan, A., & Sharma, V. (2010). Toxicity assessment of nanomaterials: Methods and challenges. *Analytical and Bioanalytical Chemistry, 398,* 589–605.

100. Dabrunz, A., Duester, L., Prasse, C., Seitz, F., Rosenfeldt, R., Schilde, C., Schaumann, G. E., & Schulz, R. (2011). Biological surface coating and molting inhibition as mechanisms of TiO_2 nanoparticle toxicity in *Daphnia magna*. *PLoS One, 6,* e20112.

101. Römer, I., White, T. A., Baalousha, M., Chipman, K., Viant, M. R., & Lead, J. R. (2011). Aggregation and dispersion of silver nanoparticles in exposure media for aquatic toxicity tests. *Journal of Chromatography A, 1218,* 4226–4233.
102. Praetorius, A., Arvidsson, R., Molander, S., & Scheringer, M. (2013). Facing complexity through informed simplifications: A research agenda for aquatic exposure assessment of nanoparticles. *Environmental Science: Processes & Impacts, 15,* 161–168.
103. Eggert, A. P. (2013). *Zukunft der Nanotechnik – Chancen erkennen, Technologie nutzen, Wettbewerbsfähigkeit stärken.* Verein Deutscher Ingenieure e. V. (VDI).
104. Meesters, J. A. J., Veltman, K., Hendriks, A. J., & van de Meent, D. (2013). Environmental exposure assessment of engineered nanoparticles: Why REACH needs adjustment. *Integrated Environmental Assessment and Management, 9,* e15–e26.
105. Köck, W. (2009). Nanopartikel und REACH. In: A. Scherzberg & J. H. Wendorff (Hrsg.), *Nanotechnologie: Grundlagen, Anwendungen, Risiken, Regulierung* (S. 183–200). Berlin: De Gruyter Recht.
106. Caterbow, A., & Möller, D. (2012). Nano – das große Unbekannte. In: W. M. Heckl (Hrsg.), *Nano im Körper: Chancen, Risiken und gesellschaftlicher Dialog zur Nanotechnologie in Medizin, Ernährung und Kosmetik* (S. 119–127). Halle (Saale): Deutsche Akademie der Naturforscher Leopoldina – Nationale Akadademie der Wissenschaften.
107. Heckl, W. M. (Hrsg.). (2012). *Nano im Körper: Chancen, Risiken und gesellschaftlicher Dialog zur Nanotechnologie in Medizin, Ernährung und Kosmetik.* Nova Acta Leopoldina (Nr. 392, Bd. 114). Halle (Saale): Deutsche Akademie der Naturforscher Leopoldina – Nationale Akadademie der Wissenschaften.
108. Scherzberg, A. (2009). *Nanotechnologie: Grundlagen, Anwendungen, Risiken, Regulierung.* Berlin: De Gruyter Recht.
109. Hruska, J., Kram, P., McDowell, W. H., & Oulehle, F. (2009). Increased dissolved organic carbon (DOC) in Central European streams is driven by reductions in ionic strength rather than climate change or decreasing acidity. *Environmental Science and Technology, 43,* 4320–4326.
110. Velzeboer, I., Kwadijk, C. J. A. F., & Koelmans, A. A. (2014). Strong sorption of PCBs to nanoplastics, microplastics, carbon nanotubes, and fullerenes. *Environmental Science and Technology, 48,* 4869–4876.